ÉDITION DU JOURNAL DES DÉBATS

PARIS INONDÉ

LA CRUE DE JANVIER 1910

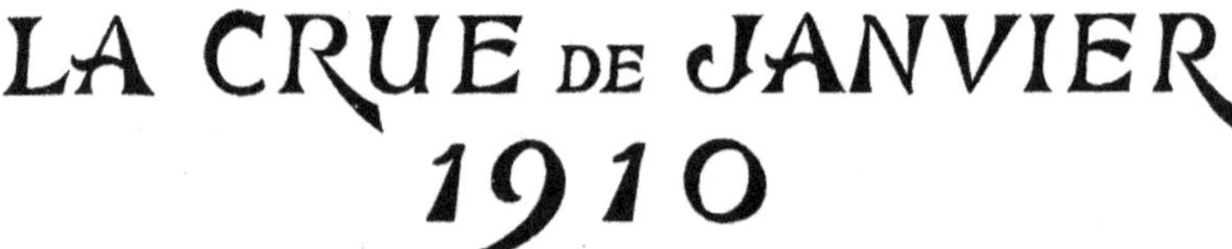

CH. EGGIMANN
ÉDITEUR

LE FLÉAU
PARIS 1910
INTER ARMA CARITAS
FLVCTVAT NEC MERGITVR
1658
1910
Croix-Rouge française
SOCIÉTÉ DE SECOURS AUX BLESSÉS MILITAIRES
19, Rue Matignon - PARIS
Fournier Sarlovéz del.

LE FLÉAU

QUAND en un ciel sinistre de lugubres nuages

Crevaient en torrents d'eau, qui pensait que soudain

Le désastre guettait et que tous les courages

Auraient à se hausser d'un effort surhumain !

Le fleuve furieux qui roule dans ses vagues

D'innombrables débris, volés aux miséreux,

Qui de sites riants fera des terres vagues,

Devient votre ennemi, grossit, jaune et fangeux

De la maison que bat le flot et qui chancelle

Sous les coups répétés qui viennent l'assaillir,

Il faut fuir, n'emportant pas même un souvenir,

Et grelottant de froid, transis jusqu'à la moelle,

Pères, mères, enfants avec les vieux parents

S'éloignent en pleurant en un navrant cortège

Pour chercher un abri, du pain, des vêtements.

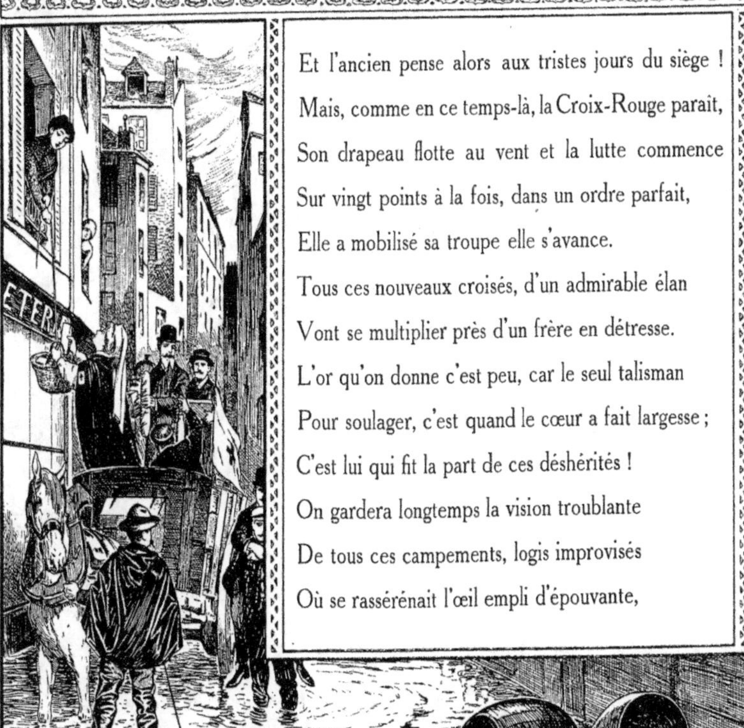

Et l'ancien pense alors aux tristes jours du siège !

Mais, comme en ce temps-là, la Croix-Rouge parait,

Son drapeau flotte au vent et la lutte commence

Sur vingt points à la fois, dans un ordre parfait,

Elle a mobilisé sa troupe elle s'avance.

Tous ces nouveaux croisés, d'un admirable élan

Vont se multiplier près d'un frère en détresse.

L'or qu'on donne c'est peu, car le seul talisman

Pour soulager, c'est quand le cœur a fait largesse ;

C'est lui qui fit la part de ces déshérités !

On gardera longtemps la vision troublante

De tous ces campements, logis improvisés

Où se rassérénait l'œil empli d'épouvante,

Où l'espoir revenait en des cœurs douloureux

En voyant cette femme avec sa robe blanche,

Inlassable servante auprès des pauvres vieux

Et qui sur les berceaux des tout petits se penche !

On retrouve partout la bienfaisante main

Que mouillait de ses pleurs l'échappé de Messine,

Qui pansait les blessés aux combats marocains

Et qui très simplement ici fait la cuisine :

Ils ont été vers l'eau comme ils iraient au feu,

Tous ces hommes de club, loin de leurs habitudes.

Les soldats, les marins qui peinaient avec eux

Leur disaient :

    « Eh ! copains, nous en voyons de rudes. »

Puis on fraternisait dans l'accord chaleureux
Qui bat à l'unisson dans les âmes françaises,
Lorsque le pays souffre ou quand les malheureux
Appellent au secours dans les heures mauvaises.
Ils ne furent pas seuls, les heureux de ce monde
A payer largement le tribut que l'on doit
A tout être souffrant, dans la couche profonde
Des humbles, des petits, plus pauvres quelquefois
Que ceux qu'ils assistaient; on en vit d'admirables,
Adoptant des enfants, partageant leur pain noir
Avec des inconnus, donnant place à leurs tables
A tout venant... avec des paroles d'espoir!
Puis devant le fléau, ces frères ennemis

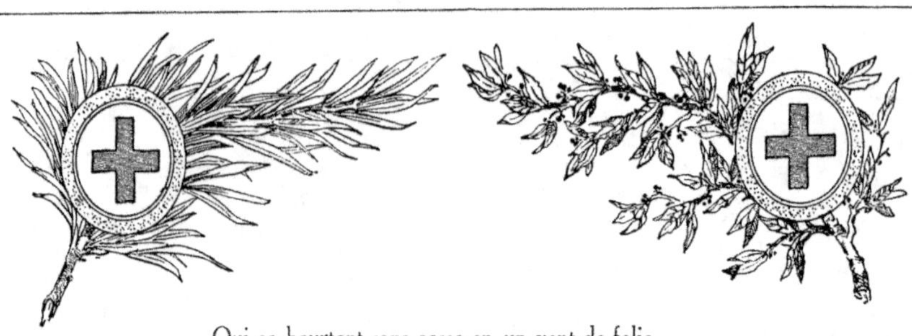

Qui se heurtent sans cesse en un vent de folie,

Ont fait trêve au combat, leurs bras se sont unis

Pour les tendre à celui qui les réconcilie !

Si Paris, en ces jours, fut fier de ses enfants,

Il lui faut dire aussi toute sa gratitude

Aux amis étrangers, qui d'un beau mouvement

De générosité, se firent multitude !

C'est que notre Paris leur appartient un peu.

Aimant de l'univers, à son centre il attire

Les esprits et les cœurs ; son creuset sur le feu

Amalgame en progrès le Beau, le Bien, le Pire !

Pourquoi faut-il, hélas, qu'entre les nations

D'un malheur seul peut naître Amour, Miséricorde ?

Croix-Rouge, à ton drapeau mets comme inscription

En lettres d'or, ces mots : Fraternité, Concorde !

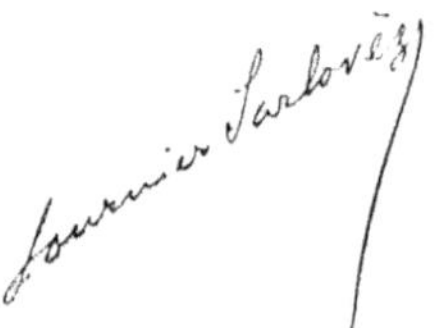

Imp. Pierre Lafitte et Cⁱᵉ, Paris.

PARIS INONDÉ
JANVIER 1910

PARIS INONDÉ
LA CRUE DE JANVIER 1910

INTRODUCTION HISTORIQUE ET NOTES

SUR LA RÉCENTE INONDATION

207 PLANCHES

ET FIGURES

EN PHOTOTYPIE

PARIS
CH. EGGIMANN
ÉDITEUR
BOULEVARD
SAINT - GERMAIN
106

ÉDITION DU JOURNAL DES DÉBATS

28 janvier 1910 ⇒→

ÉCHELLE DES
CRUES AUX BAINS
DE LA SAMARITAI-
NE (PONT-NEUF).

NAVIGATION ET
SAUVETAGE.

TABLE

DÉMÉNAGEMENT

QUAI DEBILLY.

ESPLANADE DES
INVALIDES.

VIADUC DU MÉTRO-
POLITAIN AU QUAI
D'AUSTERLITZ.

PARIS INONDÉ

AVANT-PROPOS

E JOURNAL DES DÉBATS a voulu dans cet album, qui sera un précieux souvenir pour les Parisiens et un curieux document pour le reste de la France, fixer le souvenir des événements dont nous venons d'être les témoins et les victimes. A la fin de janvier 1910, une crue, comme il ne s'en produit pas deux par siècle, à la suite d'un concours de circonstances qui ne s'était jamais rencontré dans l'histoire, a quadruplé la portée de la Seine. Les tunnels envahis, les égouts mis sous une pression qui les a rompus par places, les ponts battus par les eaux, les tranchées changées en canaux, les îles submergées, les quais changés en rues de Venise, des places lointaines crevées et submergées, des fragments de chaussée effondrés, des quartiers ravitaillés par des bachots, d'autres abandonnés au milieu de la nuit, tel a été le spectale singulier et terrible dont nous avons été témoins. Dans la banlieue, des plaines entières ont été recouvertes par les eaux. Des maisons, non seulement de plâtras, mais de briques, ont été éventrées. Les planches en gonflant ont fait sauter les portes. Les meubles se sont mis à flotter. Voitures et chevaux ont été entraînés. Sous les yeux des parents, des berceaux, emportés par le flot, ont disparu

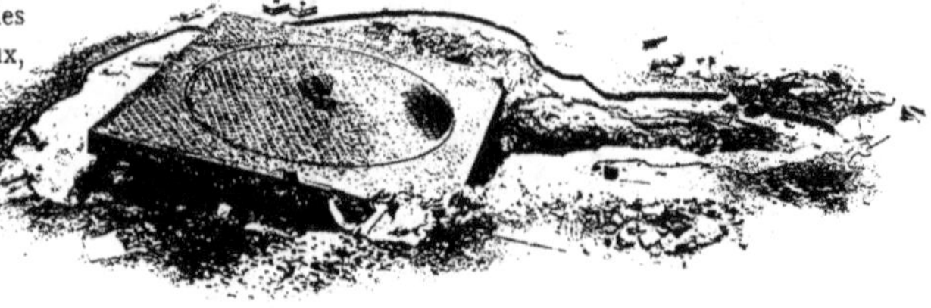

sans qu'il fût possible de les joindre. L'obscurité des nuits, dans ce tumulte grondant, n'était rompue par places que par des torches dont les reflets profonds, brisés par les eaux, ondoyaient en remous agités. LE JOURNAL DES DÉBATS a pensé que de si terribles événements méritaient d'être commémorés par un monument plus durable que les illustrations publiées au jour le jour. Ce recueil, composé au lendemain des événements qu'il évoque, a pour objet de conserver le spectacle étrange et souvent si désolant que présenta quelques jours la Seine débordée ; il rappellera en même temps des heures où la population parisienne témoigna de son

POMPE D'ÉPUISE-
MENT A L'USINE DU
MÉTROPOLITAIN,
QUAI DE LA RAPÉE.

activité, de son énergie, de son sang-froid, et où elle éprouva le pouvoir de ces forces naturelles et permanentes dont l'art moderne semble déshabitué de protéger les villes.

Pour former un tableau complet de Paris inondé, des documents multiples étaient nécessaires et ils étaient difficiles à rassembler. De même que les riverains ont dû lutter contre l'eau envahissante par des moyens de fortune, de même les images de l'inondation ont été recueillies selon les possibilités que laissaient aux observateurs et aux photographes l'état des quais et des rues, les mesures de sécurité, la présence de la foule et la rigueur des consignes. Il aurait fallu, durant trois ou quatre jours, être partout à la fois. On ne s'est donc pas abstenu d'utiliser, quand elles ont semblé intéressantes, des illustrations employées par les revues et les cartes postales ; on a cherché à ne rien négliger de ce qui était caractéristique de cette période exceptionnelle ; on a noté même quelques-uns de ces spectacles anecdotiques qui ne manquent jamais à pareil événement.

LA QUESTION DE
L'EAU DANS LES
QUARTIERS DU CEN-
TRE.

Ces images promèneront le lecteur depuis Bercy jusqu'à Javel et à Auteuil. Elles lui feront suivre le cours du fleuve et parfois le conduiront dans des quartiers qui ne sont pas habituellement au bord de l'eau. Les planches sont précédées d'un résumé historique sur les crues de la Seine.

Dans ces événements, très supérieurs aux progrès de la puissance humaine, le passé et le présent se rejoignent. Dès 1873, l'ingénieur qui a conduit à Paris les eaux de la Vanne, Belgrand, faisait la liste des quartiers menacés : Auteuil, Javel, Bercy. Les plans des inonda-tions de 1740 et de 1802 mon-trent, par un rapprochement curieux, les mêmes quartiers pâtissant de siècle en siècle. Enfin un commentaire, accom-pagnant les vues de l'inondation de 1910, est comme le journal de la période critique dont elles sont elles-mêmes la peinture.

A L'HOTEL DE VILLE
L'INTERMÈDE DU
NETTOYEUR.

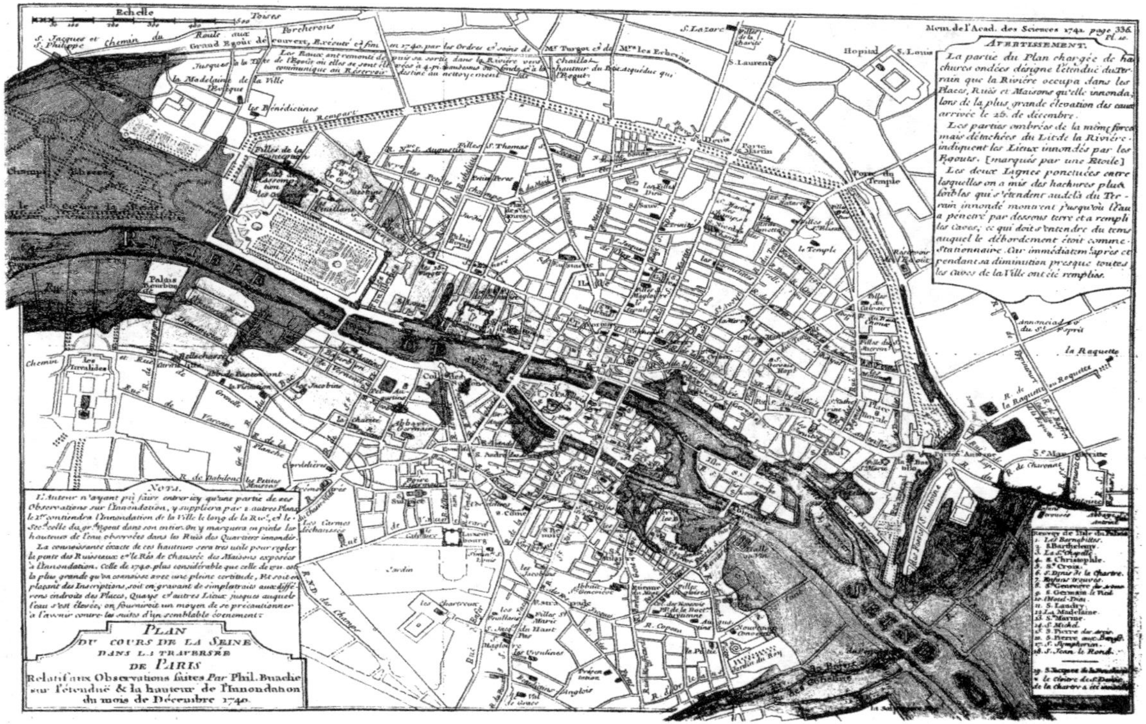

PLAN DE L'INONDATION DE 1740, PAR PHIL. BUACHE.

Mem. de l'Acad. des Sciences 1741. page 336. Pl. 10.

AVERTISSEMENT.

La partie du Plan chargée de hachures ondées désigne l'étendue du terrain que la Rivière occupa dans les Places, Ruës et Maisons qu'elle innonda, lors de la plus grande élevation des eaux arrivée le 25. de décembre.

Les parties ombrées de la même force mais détachées du Lit de la Rivière indiquent les Lieux innondés par les Egouts. [marqués par une Etoile]

Les deux Lignes ponctuées entre lesquelles on a mis des hachures plus foibles qui s'étendent au delà du Terrain innondé montrent jusqu'où l'Eau a pénétré par dessous terre et a rempli les Caves; ce qui doit s'entendre du tems auquel le débordement étoit comme stationnaire. Car immédiatem.t après et pendant sa diminution presque toutes les Caves de la Ville ont été remplies.

NOTA.

L'Auteur n'ayant pû faire entrer icy qu'une partie de ses Observations sur l'Innondation, y suppliera par 2 autres Plans: le 1.er contiendra l'Innondation de la Ville le long de la Rivière, et le 2.de celle du gr.d Egout dans son entier. On y marquera en pieds les hauteurs de l'eau observées dans les Ruës des Quartiers innondés.

La connoissance exacte de ces hauteurs sera tres utile pour regler la pente des Ruisseaux et le Rés de Chaussée des Maisons exposées à l'Innondation. Celle de 1740. plus considérable que celle de 1711. est la plus grande qu'on connoisse avec une pleine certitude, Et soit en plaçant des Inscriptions, soit en gravant de simples traits aux différens endroits des Places, Quays et autres Lieux jusques auquels l'eau s'est élevée, on fourniroit un moyen de se précautionner à l'avenir contre les suites d'un semblable évenement.

PLAN DU COURS DE LA SEINE DANS LA TRAVERSÉE DE PARIS Relatif aux Observations faites Par Phil. Buache sur l'étendue & la hauteur de l'Innondation du mois de Décembre 1740.

Echelle — Toises

S. Jacques et S. Philippe — Route aux Bûcherons — chemin du Grand Egout de couvert, Executé et fini en 1740 par les Ordres et soins de M.r Turgot et de M.rs les Echevins

Hôpital S.t Louis — S.t Lazare — S.t Laurent

Pont du Temple — le Temple — Reservoir de l'Egout — la Raquette — Annonciade du S.t Esprit — S.te Marguerite — de Charonne

Les Invalides — Chemin — les Jacobins — l'Abbaye — les Chartreux — Jardin — les Carmes dechaussés — R.üe du Chemin vert

LES INON-DATIONS DE PARIS A TRA-VERS LES AGES

ARIS inondé ! Il a pu sembler à beaucoup que c'était là un titre tout occasionnel, ou qui fut exact une fois par hasard, il y a bien longtemps. La réalité est que l'histoire de Paris ne saurait se séparer de celle des débordements du fleuve et que l'afflux des eaux accompagne non pas seulement chaque siècle, mais presque chaque lustre de nos annales. Nos armoiries et leur devise ne sont, du reste, que la constatation symbolique, lapidaire et épigraphique, si l'on peut s'exprimer ainsi, de cet état de choses inéluctable et séculaire. Crues et inondations furent de tous les temps.

Sans doute, Julien, l'empereur enthousiaste et lettré, a pu dire que la Seine s'enfle peu et ne diminue guère. C'est qu'il la vit en de courtes périodes, peut-être à

LE PRÉSIDENT DE LA RÉPUBLIQUE ET LES MINISTRES VISITENT, SOUS LA CONDUITE DU PRÉFET DE POLICE, LES LOCALITÉS SINISTRÉES.

travers le voile favorable d'un habituel optimisme ; l'information, vague et inconsistante au surplus, ne pouvait alors signaler, fût-ce au monarque, les variations du fleuve, variations à coup sûr moins désastreuses en leurs effets que celles qui survinrent plus tard et dont les conséquences se firent sentir sur des territoires plus peuplés, sur des espaces moins incultes et moins sauvages. Mais, cette affirmation auguste, goûtée de maints historiographes, ne saurait prévaloir, malgré l'absence de témoignages inverses, contre ce fait-ci :

Dès le VIe siècle la liste des inondations s'ouvre ; comme il n'est pas possible d'admettre que les conditions dans lesquelles elles peuvent se produire se soient brusquement manifestées alors, il faut

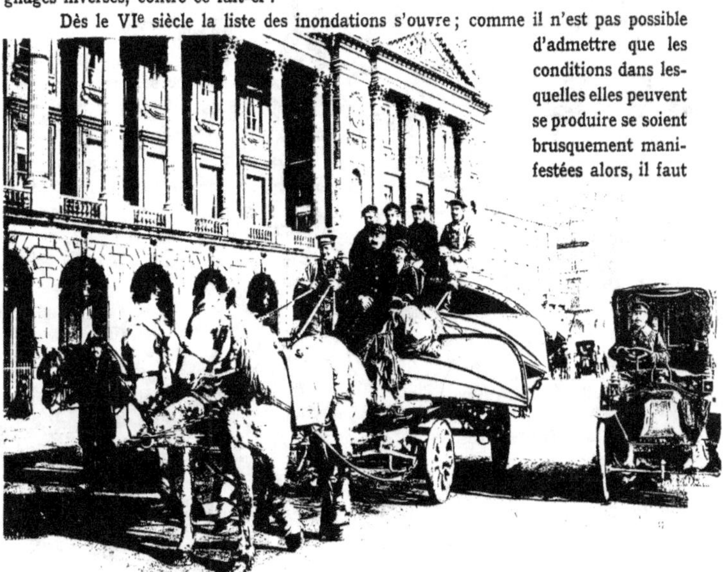

s'en prendre simplement à l'ignorance ou au silence des contemporains, qui ne nous ont pas
laissé de traces écrites des inondations antérieures.

C'est Grégoire de Tours, le premier, qui parle
d'une inondation à Paris. Elle eut lieu en février
583 et porta un grave préjudice à la navigation.
Après deux siècles d'intervalle, durant lesquels, sans doute, la Seine dépassa maintes
fois son niveau normal, sans que le récit
en soit venu jusqu'à nous, Eginhard et
d'autres chroniqueurs citent de redoutables crues en 820, 821, 834, 841,
886. Puis, de nouveau, silence complet pendant une très longue période.
Mais alors — nous sommes au début du XIIe siècle — l'événement
frappe de plus en plus les imagina-
tions ; poètes et annalistes corsent
leurs mentions, en attendant que les
autorités interviennent, que les corps
savants s'émeuvent, que l'on rédige
des rapports et des observations, des
enquêtes et des dissertations ; ce qui
ne viendra guère, il est vrai, que très
tardivement, au XVIIIe siècle, où les
prières et les anathèmes du moyen
âge font place, pour conjurer le danger, à la recherche raisonnée des
causes et à l'examen des effets.

Mais énumérons. Aussi bien l'espace
mesuré, dont nous disposons, ne nous per-
met qu'une sèche nomenclature. En 1119, les braves
Parisiens virent « des gouffres énormes que les fureurs de la Seine débordée creusèrent dans leurs demeures et dans leurs champs », dit Orderic
Vital. En 1125, il y eut plusieurs mois d'inondations suivies
de famine ; et ce fut même désastre en 1175, en
1197, en 1206. A cette dernière date, nul ne sor-
tait ou n'entrait en sa demeure qu'en bateau, et
jamais on n'avait subi tant de pluies, dit un écri-
vain qui n'a pu, et pour cause, connaître celles
de 1910. Inondations encore en 1219 (à deux reprises), 1232, 1233, 1242, 1281, 1296, 1306, 1315.
Et chaque fois ce sont moulins emportés, arches
de ponts détruites, maisons effondrées, tandis
que les religieux de Sainte-Geneviève vont

porter en procession les reliques toutes puissantes de la sainte à travers les quartiers dévastés.

Se préoccupait-on d'apporter quelque remède à cette situation continuellement troublée ? Cela n'est guère probable. On subissait et l'on priait. Philippe le Bel seul, paraît avoir voulu prendre des mesures; il ordonna des travaux de protection au long du fleuve, comme la construction d'un quai, qui fut l'ancêtre des quais Conti et des Grands-Augustins ; les plus intéressés à l'efficacité de ces mesures y furent aussi les moins empressés, car on vit le bureau de la ville mettre une lenteur toute administrative à passer à l'exécution, prémisses de longs siècles d'inertie et de délais.

La fin du XIVe siècle ne fut pas moins fertile en inondations que son début. Il y en eut en 1373, 1394, 1399. C'est à propos de cette dernière que le judicieux Sauval fait cette remarque pleine de saveur : « Plus on avance, plus il semble que les inondations se rendent remarquables,

no[n p]u'elles le soient plus que les autres, mais parce que les historiens,
étant plus modernes, sont plus grands parleurs ». On peut, en effet, grâce à ces « plus
grands parleurs », se faire bientôt une idée précise de ces crises
périodiques. Celle de 1407, l'année du grand hiver, par exemple, nous est contée en détail par Enguerrand de Monstrelet,
Juvénal des Ursins et d'autres. La crue se produisit au
moment de la débâcle des glaces ; nul n'osa plus
franchir le fleuve en bateau, et quant aux ponts, le
Petit-Pont, le pont Saint-Michel, qui ne datait que
de 1387, s'écroulèrent, le Grand-Pont, ébranlé, vit
nombre des boutiques, qui le surmontaient, s'abîmer
dans les flots. Tout comme les cours et tribunaux
cette année, le Parlement fut transi, et il alla jusqu'à ne plus siéger du tout, la plupart des magistrats
habitant la rive gauche et n'ayant pas, comme de
nos jours, la ressource des canots démontables. Les
approvisionnements manquèrent ; le roi dut mettre
les boulangers en demeure de vendre le pain à un
prix raisonnable et fixé d'avance, car ils avaient de
grandes accumulations de farine et l'on constata
que la destruction des moulins ne les empêcherait
pas de fournir le pain en quantité suffisante. Témoignages analogues, en ce qui concerne du moins
la gravité de la crue, en 1414, 1422, 1423, 1426, 1427.
En ces dernières années, l'inondation eut lieu en

ÉTABLISSEMENT
D'UNE LIGNE TÉLÉ-
PHONIQUE PAR LE
GÉNIE, ENTRE LE
MINISTÈRE DE L'IN-
TÉRIEUR ET LA
PRÉFECTURE DE
POLICE.

GRAND NETTOYA-
GE RUE DE LA
CONVENTION.

juin, fait assez rare, les mois d'hiver étant toujours ceux où la Seine s'agite. En 1431, 1432, 1434, 1442 il y eut de l'eau à l'hôtel de ville; au contraire, en 1448, l'historien note que « la rivière de Saine fut si petite que à la Toussaint on venoit à la place Maubert tout droit à Nostre Dame à l'aide de quatre petites pierres et hommes et femmes et petiz enffens sans mouiller leurs piés ». Caprices du vieux fleuve, resté fantasque et primesautier à travers les âges, pour ne point différer trop de ces gentils riverains.

Ne quittons pas le XVe siècle sans noter l'inondation de 1497. Elle mit en grand danger le pont Notre-Dame, ce qui laissa très froid le corps de ville. Aussi, lorsque, deux ans plus tard, ce pont s'écroula, « par une cause peu apparente, mais non imprévue », avec les soixante-cinq maisons qu'il portait, mit-on incontinent en prison prévôt des marchands et échevins en charge, avec ceux de l'année précédente et divers fonctionnaires, pour leur apprendre à mieux avoir souci des devoirs de leur charge. Ceux de ces malheureux, qui ne purent payer les amendes auxquelles on les condamna dans une saine compréhension des responsabilités,

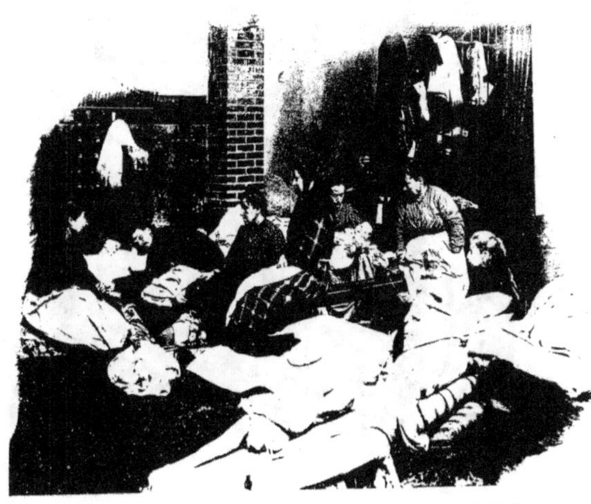

REFUGE ÉTABLI DANS LE GYMNASE
DE LA RUE SAINT-LAMBERT.

16

languirent en prison toute leur vie. Au surplus, les travaux publics étaient rudimentaires ; les quais, construits à différentes reprises, n'étaient en somme que des berges grossièrement pavées et promptement impraticables ; les ponts, souvent endommagés par les grosses eaux, recevaient de trop sommaires réparations.

Pour le XVIe siècle, on ne compte pas moins d'une douzaine de crues très fortes : 1502, 1505, 1531, 1547, 1564-1565, 1570, 1571, 1573, 1582, 1591, 1595. Le siècle suivant s'ouvre par une épidémie de « maladies étranges et inconnues aux médecins, en ceste saison malsaine et desreiglée du tout, par grandes pluies, desbordemens et inondations d'eaux ». Ah ! les pauvres gens, ils n'avaient point le grésyl, la chaux, les produits qu'une administration sage nous dispense avec tant de zèle ! L'été de 1613 se passe en pluie et, comme toujours en pareil cas, la Seine envahit la place de Grève ; l'inondation des sous-sols de l'hôtel de ville, que nous avons tous pu voir, était exigée par une antique tradition. En 1616, ce ne sont que ravages immenses ; on ne voit que ponts emportés, maisons ensevelissant les habitants sous leurs ruines ; de même en 1641, 1649, 1651, et cette dernière inondation fut une des plus considérables que Paris ait subie.

Les arches du pont Notre-Dame étant obstruées, les eaux montèrent d'autant, et aux alentours de la place de Grève elles atteignirent le second étage des maisons; place et maisons autrement plus basses qu'aujourd'hui, il est à peine utile de le faire remarquer. C'est alors que l'on commença à se préoccuper des moyens propres à enrayer les crues de la Seine ou à en diminuer les effets. Les uns préconisèrent l'exhaussement général des rues et places dans les quartiers les plus menacés, d'autres, au contraire, le creusement du lit du fleuve; ce fut à qui donnerait

son avis, selon ce besoin si naturel à l'homme d'émettre ses vues personnelles à propos de n'importe quoi ; le fameux projet de canal de dérivation date de ces temps lointains, ce qui n'a pas empêché quelques-uns de nos contemporains de nous le reproposer.

Nous arrivons ainsi à la grande inondation de 1658, la première dont on possède le niveau exact, niveau que l'on peut voir gravé à l'échelle du pont de la Tournelle, à quelque dix ou douze centimètres au-dessous du niveau de la présente crue. On sait que le pont Marie fut renversé cette année-là avec plusieurs de ses maisons. Les faubourgs furent submergés... et l'on reparla du grand canal de dérivation, de même que l'on en reparlera après la prochaine inondation. Tout en ressassant ce vaste projet, les gens doctes cherchaient à se rendre compte des causes de l'élévation soudaine des eaux et il vaut la peine d'énumérer les raisons que l'on découvrit: tours et détours de la Seine, vents persistants de l'ouest et du sud-ouest, colère du ciel, renversement des lois et de l'ordre de la nature, obstacle opposé par les collines de Chaillot et de Saint-Cloud, quais et ponts ayant rétréci ou obstrué le fleuve, ruines de tant de ponts et de maisons qui encombraient encore le lit de la Seine, travaux abusifs le long de celle-ci, etc. Mais, il est certain que maints travaux effectués sur les berges avaient eu pour effet de protéger les chaussées voisines, encore que, dans bien des cas, les maçonneries ne fussent point assez hautes et qu'elles eussent le tort de n'être pas continues.

NETTOYAGE ET DÉSINFECTION.

Et pour ce qui est des ponts, se décide-t-on au moins à les bâtir solidement, car, même au XVIe siècle, cela n'avait guère été le cas. Quoiqu'il en soit, c'est au XVIIe siècle que remonte l'idée de faire couler la Seine, dans la traversée de Paris, entre deux hautes et solides murailles de pierre, principe du « plan de Belgrand », dont nous parlerons tout à l'heure.

Pour le XVIIIe siècle, nous avons autant de crues extraordinaires à enregistrer que précédemment. Il y en eut en 1701 et 1709, en 1711 et 1726, préludes de la grande inondation de 1740. Des vents persistants du sud et de l'ouest avaient régné cette année-là d'octobre à décembre, occasionnant la fonte des neiges tombées en grande quantité au commencement d'octobre ; et la pluie avait fait sa partie dans ce concert météorique avec une ampleur telle, qu'en décembre seulement il y en avait eu autant que dans les six premiers mois de l'année. Aussi, la Seine se

RUE DE SOLFÉRINO, LE PALAIS DE LA LÉGION D'HONNEUR.

L'ENTRÉE DE LA
RUE TRAVERSIÈRE.
LES MARINS S'AMU-
SENT !

mit-elle à croître rapidement et envahit-elle une foule de points, sans parler de ceux où se répandirent les eaux d'égoût refoulées, comme le faubourg Saint-Germain, le Marais, etc. Car c'est une des caractéristiques de nos inondations : elles sont dues pour une bonne part en général, et surtout depuis que le sol a été exhaussé le long des rives, à des causes intérieures et secondaires, telles que la remontée des eaux de décharge, que l'élévation de la Seine empêche de se déverser normalement ; et, tandis que celle-ci nous envahit par devant, celles-là gagnent nos rues et nos cours par dessous et par derrière, s'infiltrent partout dans les caves et ajoutent à l'horreur de la situation leurs effluves nauséabonds. Pour en revenir à 1740, ce n'est que le 18 février de l'année suivante que la Seine regagna définitivement son lit, après être montée à la cote de 7 m. 90, à 60 centimètres environ au-dessous de la crue de 1910. L'événement frappa beaucoup les contemporains. Un savant distingué, Philippe Buache, fut chargé par l'Académie

LES PLAQUES D'ÉCLAIRAGE DE LA GARE D'ORSAY PAR LESQUELLES
LES EAUX ONT ENVAHI LE FAUBOURG SAINT-GERMAIN.

des sciences d'étudier le phénomène et d'en dresser un plan, plan qui fut gravé et que nous reproduisons ; grâce à ce document, par lequel débuta l'étude scientifique des inondations parisiennes, nos lecteurs pourront mieux apprécier l'étendue de la submersion ; ils pourront aussi faire la plus instructive des comparaisons avec l'inondation actuelle, à l'aide du plan que nous en donnons, de même qu'avec celle de 1802, dont on grava également le plan, reproduit encore ici. Il y a une grande similitude entre ces trois crises, toutes trois infiniment graves, similitudes d'effets, sinon

de causes ; mais l'inondation dont nous souffrons encore a été la plus sérieuse, puisqu'on doit tenir compte de ce fait que tout un ensemble de mesures protectrices ont été prises, dans le courant du XIXe siècle notamment, et que, malgré cela, les eaux ont envahi autant de territoire que précédemment. Il nous est resté un autre témoignage de l'inondation de 1740, de la crue elle-même et de l'impression produite sur les Parisiens d'alors. C'est une modeste inscription, enchâssée par un citoyen obscur, Constant Bouquet, près de l'entrée de l'hôtel des Mousquetaires rue de Charenton, (hôpital des Quinze-Vingts). On trouvera (p. 25) un croquis de ce texte éloquent dans sa simplicité presque rustique, qui mériterait d'être conservé avec plus de soins qu'il ne l'est et nous apprend que « le 24 décembre 1740 la pointe de la rivierre est venu vis à vis cette pierre ». La pointe en question se voit très nettement sur le plan de 1740. Beaucoup d'autres témoins durent être placés alors en divers points, et Buache lui-même, qui entendait que son plan, ses rapports et ses publications missent les autorités et le public en garde contre les fantaisies futures de la Seine, préconisa la fixation précise

EFFONDREMENTS ET EXCAVATIONS RUE ST-HONORÉ, BOULEVARD HAUSSMANN, RUE LAFAYETTE.

des niveaux atteints. Hélas, le zèle de Buache fut remarquble, comme de nos jours celui de Belgrand ; leurs avertissements étaient dictés par l'expérience et la raison, mais, la crise passée, qui donc pense à la suivante ?

Les récits de l'inondation de 1740 abondent en détails pittoresques. Et l'on y retrouve ce goût de l'exploitation de leurs semblables qui portent certains hommes à tirer profit des pires calamités. Ainsi Barbier, dans son curieux journal, dit que « des bateliers de la place Maubert exigeaient quatre sols et même plus par personne ; cela est infiniment peuplé, les uns déménagent des meubles, les autres ont besoin d'aller chercher de quoi

GARE DU PONT SAINT-MICHEL. L'INVASION DES EAUX ; CONVOI DE POMPES D'ÉPUISEMENT ABANDONNÉ AU MOMENT DE CELLE-CI.

PLAN DE L'INONDATION DE 1802, PAR LE CITOYEN BRALLE.

vivre ou sont obligés d'aller à la messe dans ces fêtes [de Noël]. Aussi la ville a-t-elle envoyé des archers pour mettre l'ordre ; elle donne quarante sols par jour aux bateliers et ils ne peuvent plus prendre qu'un liard par personne. Il y en a un qui a été mis en prison pour avoir exigé douze sols pour passer une pauvre femme et son enfant ».

Mais reprenons le cours des années. En 1751, nouvelle inondation ; moins grave, quoique sérieuse encore, puisque la différence de niveau avec celle de 1740 ne fut que de trois pieds. Il y eut deux crues successives, en mars et en avril. Buache étudia de nouveau les circonstances de l'inondation, avec la même ardeur et la même inutilité. L'année 1760 est marquée par un débordement peu important ; 1764 par une inondation comparable à celle de 1740 — il n'y eut que deux pieds dix pouces de différence, en moins pour 1764 — et causée, comme cette dernière, par des neiges abondantes, des vents persistants et de grandes pluies. Ce sont toujours les mêmes points qui sont envahis, les mêmes mesures qui sont prises (ainsi l'évacuation des maisons construites sur les ponts).

Les bons avis ne manquèrent pas plus après l'inondation de 1764, qu'après celles, qui, dans le même siècle, la précédèrent. Cette fois-ci, ce fut le savant Deparcieux, un ancien collaborateur de Buache, qui rédigea un rapport consciencieux et signala le danger des constructions élevées, notamment à l'Hôtel-Dieu, dans le fleuve et sur ses berges. « Il faut que le mal soit connu de tout le monde, afin que quelqu'un le corrige et qu'on évite de l'augmenter », s'écriait-il. Il faut qu'on sache « comment les architectes ou experts, chargés d'examiner les avantages et les inconvénients de la construction du quai de Gesvres (entre autres), dans la rivière même, firent si mal leur devoir, vu surtout les oppositions du Bureau de la Ville à l'enregistrement des lettres-patentes qui permettaient la construction de cet ouvrage ». Ces lignes ne semblent-elles pas écrites pour le Paris de nos jours ? Quant aux remèdes, Deparcieux proposa le fameux canal de la Marne à la Seine par Saint-Denis, amplification des projets de canaux de dérivation du siècle précédent.

Il n'y eut que de petites crues en 1779, en 1783, mais en 1784 l'inondation fut désastreuse. Six semaines de gelée, des masses énormes de neige occasionnèrent une débâcle formidable et la Seine monta à 6 mètres 66 au pont de la Tournelle. Pour la première fois, la charité publique s'organisa ; le roi, la cour et la ville prirent part à des souscriptions, allèrent à des fêtes, à des représentations aux bénéfices des inondés.

Puis ce sont, de nouveau, des crues peu importantes presque chaque année, en 1788, 1789, 1790, 1791, 1793 ; une crue grave, provoquée par la débâcle des glaces, a lieu en 1795, une crue très grave en 1799.

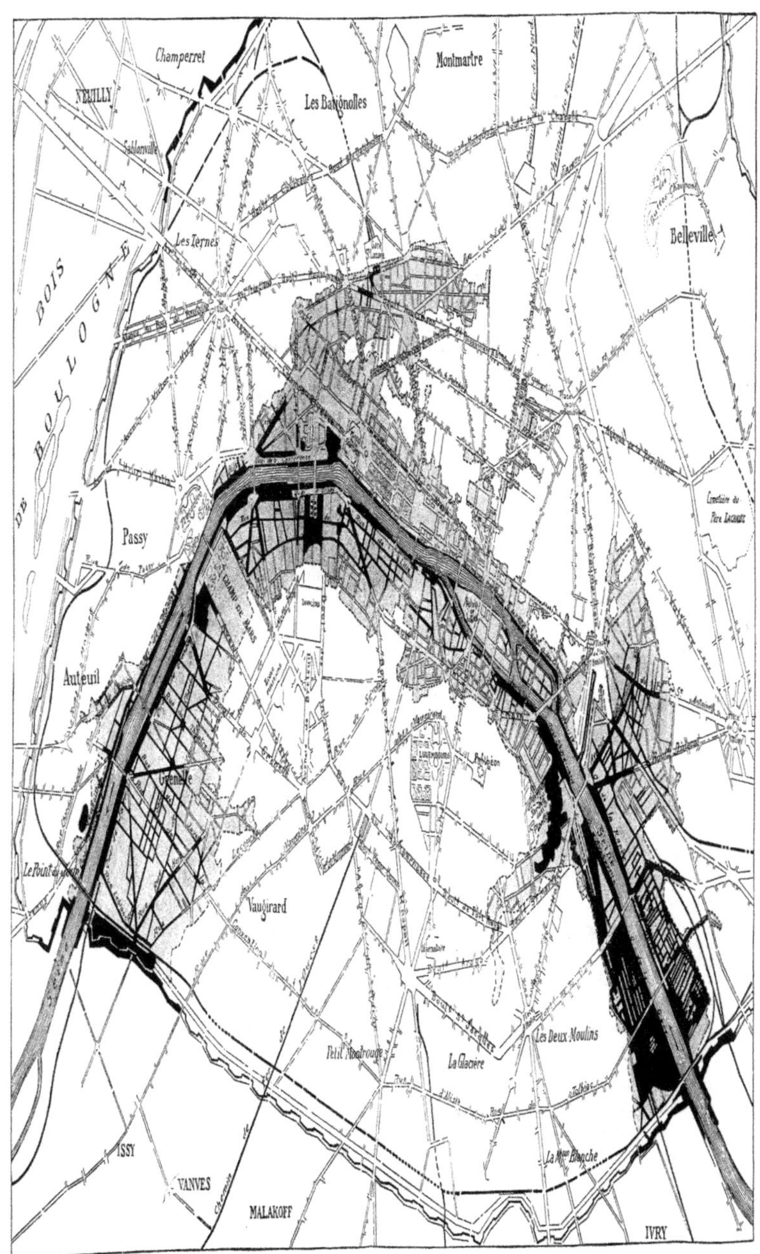

PLAN DE L'INONDATION DE 1910.

Il convient de dire que les travaux de défense en étaient toujours au même point ou à peu près, que sous Louis XIV, malgré l'impulsion que ce monarque avait donnée à la construction des ponts et quais ; ce qui fait que les mêmes dégâts se renouvelaient à chaque crue accompagnés des mêmes jérémiades et suivis des mêmes conseils pour les éviter. Napoléon devait bientôt s'en mêler et provoquer enfin la construction des deux hautes digues parallèles et continues, destinées à préserver Paris ; il se passa néanmoins bien du temps jusqu'à ce que ce grand œuvre fut achevé... en attendant qu'on y porta une main coupable.

Nous voici au XIXe siècle, et, tout de suite, c'est une des plus grandes inondations connues. En 1802, en effet, la Seine atteignit presque le niveau de 1740. Mais ce ne fut point l'abondance des neiges, qui occasionna l'afflux des eaux ; peu ou pas de neige, pas de grandes pluies, mais une perturbation constante, semblant annoncer de véritables bouleversements dans le système atmosphérique, ce qui n'est pas sans ressembler à ce que nous venons de subir. Quoi qu'il en soit, si l'on veut bien se reporter au plan donné par le citoyen Bralle et que nous reproduisons, on verra combien l'incursion des eaux fut sérieuse. En comparant avec le plan de la grande crue de 1740, on voit que le développement des égouts a eu pour résultat, en réalité, d'augmenter les chances d'inondation des quartiers éloignés de la rivière ; ce sont autant d'émissaires, perpendiculaires au cours du fleuve, qui expliquent les singuliers tracés dessinés par les infiltrations en 1802, sur la rive droite tout au moins. En 1740, l'inondation proprement dite est peut-être plus considérable, mais les lieux submergés forment une zone à peu près parallèle aux rives de la Seine.

En janvier 1806, il y eut jusqu'à 5 mètres 89 de crue, et en mars ce fut à peu près la même chose. Inondation plus forte en 1807, qui fut étudiée de près comme celle de 1802 ; l'eau monta à 6 mètres 70 et on reparla du grand canal de dérivation de la Marne, proposé depuis deux siècles. Seconde crue la même année en décembre (4 mètres 81) ; crues en 1809 (5 mètres), 1811 (5 mètres 34), 1816 (5 mètres 19 et 5 mètres 48). C'est à partir de ce moment que les crues restant en deçà de six mètres — vers 5 mètres 70 plus exactement — cessèrent d'avoir de très graves inconvénients pour Paris, la plupart des points faibles étant désormais mis à l'abri par des travaux appropriés. Mais, à quelques centimètres au-dessus, l'envahissement se produisait encore ; ce fut le cas en 1817, 1818, 1819, 1820, 1830, 1836, et parfois l'alerte fut chaude, ainsi en décembre 1836 (seconde crue de l'année), où les eaux se répandirent à profusion sur de vastes espaces et montèrent à 6 mètres 40 au pont de la Tournelle. Pour en finir avec la première moitié du XIXe siècle, citons encore les années 1839, 1844, 1845, 1847, 1848.

En ce qui concerne les conséquences de ces dernières inondations, elles furent de peu d'importance. Les travaux effectués sous l'Empire portaient leurs fruits, encore que les parapets des quais aient été tenus en général trop bas, si l'on s'en rapporte aux doléances d'un contemporain. La Restauration, elle, ne fit presque rien pour l'amélioration du cours de la Seine, tandis que sous Louis-Philippe, on y travailla beaucoup, et plus encore sous Napoléon III. C'est qu'il y avait alors à la tête du service hydrographique un homme de la plus haute valeur, l'ingénieur Eugène Belgrand (1810-1878), que le préfet Haussmann avait appelé en 1852 à sa direction. On doit à Belgrand, non pas l'idée première de la Seine canalisée dans toute la traversée de Paris, idée qui remonte, comme nous l'avons vu, au XVIIIe siècle, mais l'exécution raisonnée de tous les travaux propres à la mettre définitivement en pratique, la codification, si l'on peut dire ainsi, de mesures convergeant toutes à la défense de Paris contre l'inondation; avec juste raison, on a désigné cet ensemble de décisions et de travaux sous le nom de « plan de Belgrand »; et c'était si bien son plan que, lui disparu, on s'est empressé d'apporter des atténuations à la rigueur nécessaire de ses dispositions, on y a toléré même les plus graves infractions. La crise actuelle a démontré au contraire la nécessité de le rendre plus rigoureux encore.

Pour terminer notre nomenclature, il nous reste à signaler quelques-unes des crues de la seconde moitié du XIXe siècle. Il y en eut en 1850, 1854, 1861, 1866, 1872. La plus fameuse date de 1876, et a laissé des souvenirs assez pénibles pour que l'inondation de 1910 ne les ait pas tous chassés. La Seine monta à 7 mètres 30 au Pont-Royal. En 1882 et 1883, elle ne dépassa pas 6 mètres 84 et 7 mètres 5.

De ce très bref aperçu, il ressort au moins ceci : chaque crue de la Seine nous surprend, nous laisse sans moyens d'éviter les effets des crues subséquentes, avec des dégâts de même nature à réparer. La proportion des pertes est plus ou moins grande, il y a plus ou moins de « sinistrés », voilà tout. Et cela dure ainsi depuis des siècles ! Au nombre d'années qui ont été employées à canaliser la Seine dans sa traversée de Paris, on peut juger de ce qu'il faudra de temps pour mener à bien soit une des dérivations projetées, soit même pour supprimer les infractions faites au plan de Belgrand. L'inondation à Paris est un mal endémique, et il n'y a pas apparence qu'on puisse le faire disparaître; mais on pourrait sans doute, dans une large mesure, en rendre les conséquences moins douloureuses. Il faudrait relire souvent Buache, Deparcieux, Bralle et Belgrand, et non pas seulement exhumer leurs écrits comme curiosités d'archives, à chaque crise nouvelle, pour n'en tirer en somme aucun enseignement pratique.

L'HEURE A LAQUELLE SE SONT ARRÊTÉES LES HORLOGES PNEUMATIQUES.

L'INONDATION DE 1910

Les notes qui suivent n'ont aucunement la prétention de fournir un historique complet de l'inondation de 1910, ni même d'en dresser le tableau pittoresque ou de définir avec exactitude les points qui ont été touchés, les niveaux atteints par le flot, ou la source — si l'on peut s'exprimer ainsi — de celui-ci : arrivée directe de la Seine, refoulement par les égouts, infiltrations de diverses natures, dérivations par les souterrains des lignes de chemins de fer. Il s'agit simplement d'un bref commentaire des planches, qui font, elles, tout l'intérêt de ce recueil.

La crue a commencé dès le milieu de janvier. Le 17, elle s'annonçait comme sérieuse et le 20 déjà la navigation était interrompue. Dès lors la montée fut constante. Le 23, le niveau de 1876 était dépassé; le 28, le maximum fut atteint avec la cote suivante dépassant celles des plus hautes crues enregistrées jusqu'ici : 8 mètres 50, au pont de la Tournelle. Le surlendemain 30, la baisse se manifesta légèrement et les Parisiens ressentirent un immense soulagement, mais ce ne furent que fluctuations singulières jusqu'au commencement de mars. Ainsi, le 8 février, le mouvement ascendant reprit, alors que déjà les eaux s'étaient retirées de presque toutes les rues. Il y eut successivement trois crues secondaires, sans qu'aucune d'elles arrivât au niveau du 28 janvier, tant s'en faut, et ce n'est que le 15 mars que l'on put dire en toute certitude que la Seine était rentrée dans son lit, laissant en banlieue, sur nos berges et nos quais, en cent endroits, d'incalculables ruines.

LA PORTE DE LA
GARE ET LE QUAI
D'IVRY.

LE PONT NATIONAL
ET LA BARRIÈRE
DE BERCY.

LA PORTE ET LE
QUAI DE BERCY.

AUX ENTREPOTS DE BERCY.

DÉPOT DES VOITU-RES DE LA COMPA-GNIE D'ORLÉANS A LA RUE DU CHEVA-LERET.

DÉVERSEMENT DES ORDURES DANS LA SEINE AU PONT DE TOLBIAC.

LE QUARTIER DE LA GARE.

L'eau a attaqué Paris à l'est et à l'ouest et s'est répandue d'abord sur ces terrains plats qui bordent le fleuve, à son entrée dans l'enceinte fortifiée, et à sa sortie de celle-ci. En ces points, les plus menacés pourtant, et qui sont à l'avant-poste de quartiers abondamment peuplés, il n'y a pour ainsi dire pas de travaux de défense. La largeur de la Seine, un moins grand nombre de ponts et autres obstacles a paru suffisant et la sollicitude de l'administration, qui s'est exercée en faveur de la ville, n'a guère atteint les faubourgs au point de vue qui nous occupe. La berge, plus ou moins large, plus ou moins relevée, est aisément franchie par l'élément envahisseur et lui fournit alors un véritable tremplin ; puis c'est le quai, à peine plus élevé, comme à la Gare ou à la Râpée, à moins qu'il n'y ait pas de berge, comme au Point du Jour, ou que les terrains avoisinants se trouvent en contrebas de la Seine, comme à Auteuil.

Le 21 janvier, le quai de la Gare, entre les ponts National et de Tolbiac, était recouvert par l'eau jusqu'au milieu de la chaussée, et au même moment, tout à l'opposé, la rue Félicien-David disparaissait sur une longueur d'une centaine de mètres. Le 22, le quai de la Gare était complètement envahi ; on put y mesurer, ce jour-là déjà, 50 centimètres d'eau et y voir ce spectacle peu banal de mariniers venant en bachots, des péniches amarrées à la berge, s'approvisionner directement aux boutiques du quai. Le 25, ce fut un mètre et un mètre cinquante d'eau que l'on mesura et il fallut procéder à de nombreux sauvetages.

Des infiltrations se produisirent bientôt dans les maisons riveraines ; les rues perpendiculaires à la Seine furent envahies à leur tour, tout le quartier se trouva bloqué jusqu'à la rue du Chevaleret, qui a eu le triste honneur d'être l'une des plus éprouvées de Paris. Quelques îlots au centre, dans les parties les moins basses des vastes dépôts de la gare d'Orléans, ou le long du boulevard Masséna, furent, non pas épargnés, mais moins complètement recouverts. Ce fut assurément le coin de Paris qui donna le plus réellement une impression d'ensemble, « d'inondation », d'envahissement général et tel qu'on n'aurait pu concevoir, en fait de désastre plus grand, que la disparition totale... On en jugera par la vue du dépôt des voitures de la Compagnie d'Orléans, rue du Chevaleret (p. 32).

C'est la rue Watt qui servit ici de conduite d'eau. Par elle, les rues Cantagrel et du Chevaleret furent submergées ainsi que la rue Regnault. Il y eut de l'eau jusqu'à la porte de Vitry, le boulevard Masséna, plus élevé, demeurant seul indemne. Quant au fossé des fortifications, inutile de dire qu'il reçut un contingent liquide qu'il a rarement connu ; l'eau s'y précipita par dessus la chaussée du quai en véritables cataractes, dont la figure que l'on peut voir sur le titre de ce volume donnera quelque idée ; ce fut l'occasion de remous, de tourbillons, de courants qui provoquèrent maints désordres dans les terrassements et dans les talus de contrescarpe. L'eau fut maîtresse absolue du terrain, de la barrière à la rue Watt, ainsi qu'on le constatera sur les deux premières figures des pages 30 et 31 qui représentent la porte de la Gare à deux états de crue différents — tandis que, de la rue Watt au pont de Tolbiac, on put circuler durant les premiers jours sur une passerelle haut construite. Le 2 février encore, il fallait aller en bateau sur le quai recouvert à dix centimètres au-dessus des trottoirs.

Plus tard, beaucoup plus tard, vers le 1er mars, l'eau menaçait de nouveau le quai de la Gare ; mais elle ne dépassait point cette fois-ci le retranchement élevé à front du quai et contre lequel se sont arrêtées deux ou trois des petites crues secondaires.

C'est à la barrière de la Gare, ainsi qu'à celle de Bercy (p. 31) qu'on pouvait se faire l'idée la plus complète du lac immense que formait la Seine débordée. Ceux qui n'ont point eu le loisir d'aller contempler les étendues d'eau, bien plus vastes encore, qui existaient entre Vitry, Maisons-Alfort, Villeneuve-Saint-Georges et Ablon, ou à Gennevilliers, se seront rendu compte à cette extrémité de Paris de ce que fut le fléau à sa période la plus aiguë, de ce qu'il aurait pu être...

Le pont National et le pont de Tolbiac ne furent pas fermés à la circulation. Près du premier s'élèvent les usines de l'air comprimé de la société Popp. Les horloges pneumatiques de Paris marquèrent l'heure précise à laquelle la machinerie fut envahie par l'eau le 22 janvier, heure fatidique, enregistrée par l'objectif (10 heures 53 ; voy. la figure p. 29), et qui fut celle où Paris menacé organisa la résistance.

Comme on le verra aussi par une de nos figures (p. 32), du pont de Tolbiac — de même que du viaduc du Point-du-Jour — furent déversées dans la Seine les ordures ménagères, dont les tombereaux ne pouvaient plus atteindre les lieux de dépôt situés hors de Paris ; ce fut très sale, mais très pittoresque. On vit ainsi descendre au fil de l'eau d'innombrables débris accompagnant les épaves de toutes sortes arrachées aux rives submergées. Au nombre insensé de pelures d'orange, qui passèrent sous les ponts, piquant de points vivement colorés la masse boueuse et jaunâtre des eaux, on a pu juger du rôle que joue ce fruit dans l'alimentation parisienne.

BERCY.

A la barrière de Bercy, spectacle identique à celui qu'offrait la porte de la Gare, nous l'avons déjà dit. En temps normal c'est le même paysage tranquille, les maisonnettes de l'octroi, le quai qui file là-bas vers Ivry ou vers Charenton, bordé d'arbres grandissant la perspective, puis, plus bas la Seine, sage et contenue, timide parfois au point de paraître immobile. Aujourd'hui il n'y a plus de quai, plus de chaussée, les maisonnettes sont aux deux tiers ou aux trois-quarts dans l'eau, péniches et pontons apparaissent démesurés, tant ils dominent le niveau qu'ils ne peuvent même égaler d'habitude, les arbres sortent de l'eau comme d'étranges balais et tout s'aplanit, tout se confond sous la nappe immense. Elle n'a plus aucune timidité la Seine, elle ne laisse aucun recoin sans y pénétrer, et l'on voit ses flots saumâtres et furieux charrier les innombrables objets qu'ils viennent d'arracher à la malheureuse banlieue (voy. la figure au bas de la p. 31).

Bercy a subi le sort de la Gare et l'eau y a fait rage, ne respectant pas ces entrepôts où les mauvaises langues disent qu'elle reçoit trop bon accueil en temps ordinaire. Toutes les rues ont été submergées et à une grande hauteur, jusqu'à la rue de Charenton, la rue Coriolis, la rue Proudhon, servant d'émissaire à un flot qui envahit

ENTREPOTS DE BERCY.

PLACE DE LA NATI-VITÉ.

BOULEVARD DE BERCY.

DEVANT LES
« FOURRAGES MILI-
TAIRES ».

QUAI DE LA RAPÉE.

les lignes et les dépôts du P.-L.-M., après avoir cerné l'église de la Nativité, jusqu'au boulevard de Bercy, où l'on naviguait comme sur un fleuve immense. Les futailles, vides ou pleines, ont dansé une étrange sarabande dans les entrepôts envahis le 24, où le flot est monté et descendu à plusieurs reprises, laissant parfois, comme sur notre figure (p. 32) une couche de glace à titre de témoin instable de son niveau. C'est en vain que des pompes avaient été établies dès le premier instant ; on les considérait le 22 déjà comme impuissantes et l'on s'attendait d'heure en heure à subir le sort des magasins généraux situés non loin de là, en dehors des fortifications, et complètement submergés alors. Un mois après le maximum de l'inondation, à la fin de février, on ne cessait pas d'épuiser les caves situées sur le quai et sur plusieurs points les entrepôts offraient encore un aspect désolé.

L'un des points pittoresques du Bercy inondé, en dehors des entrepôts, a été la place Lachambeaudie, au fond de laquelle s'élève la petite église de la Nativité. L'eau a atteint la dernière marche du péristyle de l'église ; dans les rues voisines, le pavé de bois s'est soulevé en blocs compacts et s'est mis à flotter, phénomène que l'on a pu constater sur une plus vaste échelle, dans nombre d'artères pavées de cette façon-là.

QUAI DE LA RAPÉE.

Ici l'eau a pu pénétrer librement et ce fut un des points où la Seine s'étendit sans obstacle, le plus largement ; la berge est très basse, le quai à peine plus relevé et sans parapet. Au quai de Bercy, qui forme une chaussée en contre-haut du sol des entrepôts, le niveau moins bas avait préservé plus longtemps la rive. Les habitants de la Râpée, dont les maisons baignaient à mi-hauteur des étages à rez-de-chaussée, avaient tout à craindre de la persistance du fléau ; aussi, pour les trois ou quatre petites crues qui se sont produites après la première baisse des eaux, a-t-on protégé ce malheureux quai — comme celui de la Gare — par un parapet de madriers, de bâches et de sacs de ciment haut d'environ un mètre ; il s'est heureusement trouvé suffisant et l'inondation n'a pas recommencé. L'inquiétude s'est manifestée tout spécialement ici à cause de l'usine du Métropolitain, dont on a craint l'envahissement total ; on y a lutté avec persévérance et l'on est parvenu, non sans peine à ne point interrompre complètement le service. Des pompes ont travaillé à l'épuisement jusqu'au moment où l'eau eut gagné tous les abords du vaste établissement. Une de nos figures, bien pittoresquement prise du troisième étage de l'usine, montre une de ces pompes en activité peu d'instants avant que l'eau arrive au niveau des rues (p. 8). La manutention des fourrages militaires, à l'autre extrémité du quai, a beaucoup souffert ; on en voit les arcades sur la figure du haut de la planche ci-contre, mais l'eau est montée beaucoup plus haut. Rue Villiot, des passerelles établies à 1 m. 25 de hauteur furent submergées dès le 25.

Le quai de la Râpée remonte assez rapidement vers son extrémité nord ; aussi ses eaux ne se sont-elles pas rejointes sur ce point avec celles de l'avenue Ledru-Rollin et à peine avec celles du boulevard Diderot, en ne tenant pas compte, là comme ailleurs, des eaux restées souterraines et qui emplissaient les caves.

LES ABORDS DE LA GARE DE LYON.

La rue de Bercy a donné aux eaux l'accès des abords immédiats de la gare, qui, à un moment donné, a été presque complètement isolée, dominant du haut de ses terrasses les rues et les places transformées en lagunes et en rivières. La rue de Lyon était le « grand canal » de cette nouvelle Venise, où l'eau était aussi jaunâtre que celle de la reine de l'Adriatique, mais où les « Berthon » et les bachots ne jouaient qu'imparfaitement le rôle de gondoles. La rue Traversière, habituée par une antique tradition à être inondée l'une des premières, n'a pas manqué de l'être cette fois-ci avec une abondance cruelle, par un mélange d'eaux venant directement du fleuve par la rue de Bercy et de liquide jaillissant des égouts. La rue Moreau, la rue de Charenton, la rue Théophile-Roussel, la rue Parrot, ne furent pas épargnées davantage, pas plus que les grandes avenues qui sillonnent ce quartier et que maintes petites voies; dans la rue de Charenton, l'eau s'est avancée jusqu'à l'inscription, témoin de l'inondation de 1740, dont nous avons parlé ci-dessus.

RUE DE LYON.
NAVIGATION ET RAVITAILLEMENT.

DÉPOT DE MATÉ-
RIEL DE SAUVETA-
GE ET DE TRANS-
PORT A LA GARE DE
LYON.

RUE TRAVERSIÈRE.

LE PORT DE LA GA-
RE DE LYON.

Devant la gare, on avait installé le port d'attache d'une nombreuse flottille de canots Berthon montés par des marins de l'état ; c'est là que venaient aborder, tant que les lignes du P.-L.-M. ne furent pas interrompues, les embarcations de toutes sortes amenant les voyageurs pressés de fuir la capitale ou d'aller à leurs affaires. C'est là que prenaient le bateau ceux qui, descendus du train, prétendaient regagner leur domicile. Mais il y eut un moment, le 28, le 29, le 30, où tout ce mouvement fit place presque à la solitude ; il n'y avait plus de trains, partant plus de voyageurs.

Ceux qui ont eu le privilège de monter au sommet de la tour de la gare, ont vu un étrange panorama se dérouler sous leurs yeux. Au lieu d'un fleuve, ils en voyaient trois s'avancer parallèlement vers l'ouest : la Seine elle-même singulièrement élargie, le canal de la rue de Bercy, le canal de la rue de Lyon, avec les rues et ruelles transversales faisant communiquer entre elles ces étranges voies d'eau, tandis que les quais se confondaient avec la masse du fleuve, que les ponts semblaient s'abîmer dans les flots.

La planche est complétée par une vue en enfilade de la malheureuse rue Traversière, dont on verra encore un point, l'entrée dans l'avenue Daumesnil, page 21.

BOULEVARD DIDEROT.

Le boulevard Diderot fut inondé presque jus-
qu'à l'avenue Daumesnil ; la rue de Lyon eut de l'eau jusqu'à sa rencontre avec cette
avenue. La figure du haut de la page 43 montre le carrefour Diderot-Bercy avec une
abondante circulation de voitures et de grands rassemblements de piétons ; cela se
passait encore ainsi le 26 janvier ; les jours suivants, plus de circulation, sauf celle
de très rares bateaux naviguant par 40 à 50 centimètres de fond.

CARREFOUR DU BOULEVARD DIDE-ROT ET DE LA RUE DE BERCY.

BOULEVARD DIDEROT.

AVENUE LEDRU-ROLLIN ET RUE THÉOPHILE-ROUSSEL PENDANT L'INONDATION.

AVENUE LEDRU-ROLLIN ET RUE THÉOPHILE-ROUSSEL APRÈS L'INONDATION.

AVENUE LEDRU-ROLLIN.

Une des figures, celle du bas, représente la partie de l'avenue située entre le quai et la rue de Lyon, avec, au fond, le clocher de l'église Saint-Antoine. L'eau atteint les maisons sans dépasser sensiblement le niveau du trottoir sur l'une des rives ; l'autre, moins élevée, étant naturellement plus menacée, comme on le voit mieux sur la planche suivante, si pittoresque, où le radeau qui passe, conduit par un gardien de la brigade fluviale, et le bachot accentuent l'impression d'abandon et de morne désolation. Mais, dans la section comprise entre l'avenue Daumesnil et la rue du faubourg Saint-Antoine, l'inondation fut plus considérable et l'on vit durant quelques jours le monument de Baudin émerger d'une vaste nappe liquide, qui occupait toutes les rues avoisinantes. Les figures du haut montrent le vieux républicain qui, successivement, domine les flots, puis, après la crue, le désarroi de la chaussée et l'amoncellement des pavés de bois. Sur la droite de ces deux dernières figures s'ouvre la rue Traversière. Cette artère est creusée à souhait pour recevoir et garder les eaux qu'un phénomène hydraulique lui enverra. On a remarqué, page 21, son entrée sur l'avenue Daumesnil, avec l'épisode d'une honorable citoyenne regagnant son domicile à dos de marin, tandis que les rameurs restés au canot rient de ce vieux rire franc, contre lequel l'inondation n'a pu prévaloir.

AVENUE LEDRU-ROLLIN.

Image éloquente, dont nous avons parlé déjà dans la notice de la précédente. Le nuage blanc que l'on voit au fond n'est autre chose que la fumée d'un train filant sur la ligne de Vincennes qui court le long de l'avenue Daumesnil

Puisque dans ces parages nous ne sommes pas très éloignés de la Bastille, disons en passant que de mauvais bruits ont couru au sujet de la colonne de Juillet. Menacée dans ses fonds par le terrible afflux des eaux dans le canal souterrain au-dessus duquel elle s'élève, elle aurait bougé, tout comme la tour Eiffel. Si le fait est exact, il a été, du moins, sans conséquence et il ne paraît pas que les substructions, quoique gorgées d'eau, aient souffert même.

AVENUE LEDRU-
ROLLIN.

AVENUE DAUMESNIL
LA LIGNE DE VIN-
CENNES ET LE PONT
DE L'AVENUE LEDRU-
ROLLIN.

AVENUE DAUMESNIL.

Noyée de la rue Moreau à la rue Abel sur toute
sa largeur, et seulement le long de la ligne de Vincennes, de cette rue au boulevard
Diderot. L'on voit ici quelques spécimens des innombrables véhicules qui suppléèrent
aux tramways et Métropolitain arrêtés. Le chemin de fer de Vincennes, lui, put conti-
nuer en paix à circuler sur ses rails élevés. Nos figures sont prises au croisement de
l'avenue Ledru-Rollin, qui s'engouffre à droite, sous le pont, aux piliers duquel, fait
peu ordinaire, on amarrait des bateaux.

LE FAUBOURG SAINT-ANTOINE.

Les eaux y ont séjourné cinq ou six jours, de la rue de la Boule-Blanche, et même au-delà, à la rue de Citeaux, soit jusqu'à l'hôpital Saint-Antoine. On y remarqua une étonnante variété de radeaux. L'une de nos figures offre à coup sûr un spectacle fort curieux : celui d'un canot automobile naviguant sans encombre dans cette voie populeuse et portant officier de paix et agents partout où leur devoir les appelait.

Ceux qui ne connaissent pas Paris ont été parfois un peu déçus par les vues de l'inondation si libéralement dispensées, dès la première heure, par les journaux et les cartes postales. Ils ont vu un peu d'eau sur une large chaussée, des passerelles plus ou moins branlantes, des ponts aux arches disparues, et des gens ayant l'air de s'amuser des péripéties étranges venant modifier brusquement les conditions normales de la vie journalière, plutôt que de craindre ou de se lamenter ; rien de sinistre ou d'effrayant, mais l'éternel spectacle de la badauderie parisienne, et de multiples épisodes, dont la gravité réelle avait échappé à l'objectif. Sans leur parler des maux infinis que ne peut déceler l'imagerie, que ceux-là s'arrêtent un instant à cette figure, ceux qui ont été tentés de dire : « ce n'est que ça! » Un canot automobile en pleine rue du faubourg Saint-Antoine, avec, sous lui, environ quarante centimètres d'eau, n'est-ce point un scénario suffisamment suggestif et propre à leur faire apprécier l'étendue du désastre ? Conçoit-on bien une cité comme Paris, où, dans les quartiers les plus peuplés, dans ceux où l'industrie est la plus florissante, il n'y a plus ni circulation possible, ni boutiques ouvertes ; c'est le dimanche londonien transféré à Venise, pluies et ciel inclément compris, c'est la perturbation la plus extraordinaire pour des milliers de gens, perturbation plus grave peut-être en ses conséquences qu'un danger plus notoire. C'est l'anxiété, masquée par l'invincible bonne humeur, ce sont des difficultés nouvelles, de transport, de ravitaillement, d'accomplissement du travail régulier, de renchérissement venant s'ajouter à toutes celles que la vie normale connaît en assez grand nombre déjà.

L'INSPECTION DE
L'OFFICIER DE PAIX
EN CANOT AUTOMO-
BILE.

RUE DU FAUBOURG-
SAINT-ANTOINE.

PONT D'AUSTERLITZ
AVEC LA FOULE DU
DIMANCHE.

LIGNE D'ORLÉANS,
AU LONG DU QUAI
SAINT-BERNARD.

AUSTERLITZ.

Suivons le cours de la Seine et franchissons-là au pont d'Austerlitz. En amont, on pourrait contempler l'arrivée furieuse des flots boueux, la Râpée sous l'eau, le quai d'Austerlitz sous l'eau, les nouveaux docks de Paris envahis par près de 3 mètres d'eau, la passerelle élégante du Métropolitain (p. 6) sous laquelle le fleuve était singulièrement élargi. En aval, c'était surtout le canal nouveau formé par la ligne d'Orléans, emplie jusqu'au niveau de la nappe immense, battant, sans obstacle, à droite, le parapet du quai Henri IV, à gauche celui du quai Saint-Bernard — ce dernier promptement inondé lui-même, du reste, de la place Valhubert au pont Sully. Que ce soit raison d'esthétique ou raison d'économie qui les ait fait aménager, il faut espérer que l'on supprimera ces dangereux abaissements de murailles au travers desquels l'eau n'a qu'à se précipiter dans le souterrain qui lui est si libéralement ouvert ; la ligne, en effet, qui est très en contre-bas du quai, passe là en tranchée à ciel ouvert avec, sur la droite, une paroi beaucoup moins élevée, remontant seulement aux deux extrémités du quai. Plus loin, ce sont les fameuses ouvertures, percées dans cette muraille même, et par lesquelles les eaux ont tout d'abord pénétré ; autant de vices de construction, dont on a dit le mal qu'il fallait dire. La gare d'Orléans et ses immenses dépôts ont été le réservoir d'où sortit le liquide envahisseur de toutes les rues voisines.

L'immense berge du quai Saint-Bernard, dépendance de la halle au vins, voisine, n'a pu recevoir à nouveau que le 7 mars les futailles que l'on a accoutumé d'y entreposer en grand nombre ; non, toutefois, sans que quelques vaines tentatives d'occupation aient été faites auparavant entre deux crues secondaires.

LE JARDIN DES PLANTES.

On eut à y constater, dès le 22, des infiltra-
tions dans le sous-sol de la ménagerie des reptiles : d'où extinction d'un premier calo-
rifère. Puis ce fut d'heure en heure une succession de dégâts, malgré un combat hé-
roïque livré par le personnel à l'élément liquide. Chaque bâtiment, dans le bas du jardin, eut ses caves envahies ; au pavillon de la paléontologie, notamment, trop voisin
de la gare d'Orléans, on eut de vives inquiétudes à cause de travaux de maçonnerie
très récents. Cependant toutes les collections ou dépôts menacés ont pu être sauvés
à temps. Pour les malheureux animaux, ils ont fait connaissance avec une tempéra-
ture glaciale à laquelle ni leur origine, ni les soins dont ils sont entourés ne les ont
habitués. La fosse des ours blancs, la première, a été envahie, mais ces hôtes-là, au
moins, peu soucieux du froid, ne pouvaient craindre que de périr noyés ; on pouvait
redouter aussi de les voir portés par le flot au niveau du pourtour de leur habitation,
et, de là, à l'indépendance. Il a fallu procéder à des déménagements assez peu aisés.
Une girafe, qui refusa de quitter son enclos, a succombé aux suites d'une pneumonie.
Mais les oiseaux aquatiques ont eu l'illusion de la liberté ; de l'espace.

PRÈS DE LA RO-
TONDE.

L'OASIS.

LA FOSSE AUX OURS.

DANS LA MÉNA-
GERIE.

AU JARDIN DES PLANTES.

LA FOULE DU DI-
MANCHE OBSER-
VANT LES PROGRÈS
DE LA CRUE.

LES SOLDATS DU
GÉNIE DÉGAGEANT
LES ARCHES DU
PONT.

PONT SULLY.

L'ILE SAINT-LOUIS.

Le premier pont métallique qu'aborde la Seine
est le pont Sully, recevant en plein le double courant qui se forme à la pointe de
l'île Saint-Louis. L'eau atteignit presque la clef de ses arches extrêmes, mais, passant
au travers de la poutraison de fer — non sans y laisser d'abondants dépôts — elle ne
s'est point trouvée par trop entravée dans sa marche accélérée, et à aucun moment le
pont n'a donné d'inquiétude. Il n'en fut pas de même de l'estacade réunissant le quai
Henri IV (c'est-à-dire l'ancienne île Louviers) à l'île, et elle est sortie du sinistre
privée de son tablier, dans sa partie basse ; on le verra planche suivante.

L'ESTACADE.

Cependant cette pittoresque passerelle, condamnée, vu son état
de vétusté à une prochaine reconstruction, et dont on annonçait d'instant en instant
qu'elle avait été emportée, a bel et bien résisté au flot et à la poussée furieuse des
épaves qui s'amoncelaient devant elle. Il faut croire qu'elle n'était point si vétuste que
cela ; son tablier perdu, même, ne l'a guère été que par suite de la nécessité où l'on
s'est trouvé d'abattre les barrières afin de rendre plus aisé l'enlèvement des bois
projetés contre l'estacade. Souhaitons donc autant de résistance à la future passerelle,
qui sera, dit-on, en ciment armé. La voici — l'ancienne — à trois hauteurs de crues,
y compris le niveau maximum, qui submergea toute la partie basse de la construction.

L'ESTACADE DE
L'ILE SAINT-LOUIS,
A TROIS ÉTATS DE
LA CRUE.

QUAI DE BÉTHUNE.
PONT DE LA TOURNELLE.

QUAI DE BÉTHUNE.

A la pointe de l'île Saint-Louis, tout autour du monument de Barye, se sont groupées les épaves les plus hétéroclites et d'énormes piles de bois de chauffage ou de boulange, et de ces bois de papeterie, que l'on voit en temps ordinaires à péniches pleines gagner Corbeil, revenus sur leurs pas par une voie plus rapide. Il y eut maints dépôts analogues sur les quais de Paris, dépôts réglementés par la préfecture de police, qui dut rappeler, par voie d'affiche, que les épaves n'appartenaient nullement à ceux qui les sauvaient.

L'île elle-même a été peu inondée : environ 40 centimètres d'eau au point le plus bas du quai de Béthune, où le niveau du fleuve n'était plus qu'à 15 centimètres du bord du parapet que l'on dut rehausser et consolider par un barrage de pavés et de madriers; ce fut le maximum du sinistre pour ce vieux coin de Paris. La rue Poulletier, la rue Saint-Louis-en-l'Ile, le quai d'Anjou furent un peu atteints.

A l'autre extrémité de l'île, le pont Saint-Louis (voy. p. 63) subit, comme le pont Sully, des pressions énormes; comme pour celui-ci, on dut procéder en hâte à un nettoyage énergique aussitôt que la décrue le permit, tant il s'était accumulé d'épaves puantes et d'immondices dans la charpente métallique.

Le vénérable pont de la Tournelle, lui, est un des plus élevés de Paris et le seul où les flots de la Seine aient pu passer librement, sauf aux deux arches extrêmes, à la clef desquelles le fleuve a laissé sa marque. Ces ponts de maçonnerie semblent faits pour défier des catastrophes autrement terribles; ils donnent une impression de force et de durée que leurs frères de métal ne sauraient offrir au même degré. C'est à l'angle du pont de la Tournelle et du quai de Béthune, contre la muraille de ce dernier, qu'est gravée l'échelle où, anxieusement, tant de gens ont constaté, matin et soir, le niveau des eaux, tandis que d'autres, plus nombreux encore, se livraient à pareil examen vers le pont d'Austerlitz ou vers le Pont-Royal; ce sont là, en effet, les trois échelles parisiennes auxquelles le service hydrographique relève les cotes des crues. A l'échelle de la Tournelle, la crue présente s'est arrêtée à 8 m. 45, tandis que l'étiage normal, en janvier, est à 2 mètres. Il serait, du reste, grandement à désirer qu'une de ces échelles relate exactement les différents niveaux de la crue de 1910, en les rapprochant des niveaux des crues fameuses de 1658, 1740, 1802, 1876. Le niveau de 1658 est déjà gravé à la Tournelle — mais le millésime est altéré et sur le point de disparaître — il semblerait donc tout indiqué d'y inscrire ces différentes dates. Le niveau extrême de 1910, lui, est inscrit, et pour longtemps, en une foule de points, sur les murs des quais, les culées et les piles des ponts, lavés — à grande eau, c'est le cas de le dire — durant ces journées néfastes, de sorte que la pierre apparaît toute blanche au-dessous de la ligne si nette atteinte par la crue.

LE PONT D'ARCOLE.

La circulation dut être interrompue, de même que sur plusieurs des ponts métalliques, non pas seulement parce que l'eau atteignait le tablier, mais parce que des épaves de tous genres s'introduisaient dans la charpente et risquaient de causer de graves accidents. On voit sur l'une de nos figures, les soldats du génie procédant à l'enlèvement de ces dangereux débris, besogne qu'ils ont eu à assumer sur beaucoup de points et où ils ont fait preuve de leur courage, de leur endurance et de leur habileté ordinaires. Au bas de la planche, c'est un groupe de « marsouins » — autres précieux auxiliaires de la défense de Paris contre les eaux — et de gardiens de la paix, qui montent la garde, près d'un feu, à la tête du pont, curieux cliché pris à 10 heures du soir, le 28 janvier. N'est-ce point là aussi un de ces épisodes, sans importance en lui-même, sans doute, qui montre que la crise fut grave et présenta quelques petites analogies avec telle époque fameuse où Paris connut des angoisses autrement cruelles. La circulation ne fut rétablie que le 1er février.

Ne quittons pas le pont d'Arcole sans dire un mot de l'hôtel de ville auquel il conduit. Les sous-sols ont été entièrement inondés, par suite, surtout, de l'invasion des galeries du Métropolitain. Nombre de services se sont trouvés ainsi complètement désorganisés, celui, notamment, de l'imprimerie municipale, et l'on peut voir, par une des figures de la page 9, l'état dans lequel les eaux ont laissé les bureaux, pour le plus grand dommage de beaucoup de paperasses.

En allant de l'île Saint-Louis à l'hôtel de ville par le pont Louis-Philippe, on pouvait contempler le curieux spectacle des chalands du marché aux pommes — « le Mail » — amarrés, le 23, non plus à la berge, mais au quai même et à ses arbres.

DÉGAGEMENT DES ARCHES DU PONT D'ARCOLE.

NOTRE-DAME ET LE PONT SAINT-LOUIS.

POSTE DE NUIT A L'ENTRÉE DU PONT D'ARCOLE.

PONT D'ARCOLE.

RUE MASSILLON.

LA CITÉ.

Elle a été atteinte par infiltrations sur son flanc droit — quai aux Fleurs, rue aux Chantres et rue des Ursins, qui sont en contre-bas du quai, rue Massillon — et ces petites rues, derniers débris du plus vieux quartier de Paris, n'ont pas laissé que de présenter un aspect bien pittoresque. Il n'y a eu d'eau que sur un autre point, les chantiers des agrandissements du palais de justice, transformés en lagune. Nous parlerons plus loin du square du Vert-Galant. Mais tous les ponts qui aboutissent à la Cité ont été violemment battus par les flots, et surtout ceux du petit bras de la Seine, où les eaux, resserrées, bouillonnaient avec fureur. Le pont de l'Archevêché même est le seul des ponts de pierre qui ait donné lieu à de sérieuses inquiétudes ; très peu élevé, ses arches furent obstruées de bonne heure et à plusieurs reprises il a été question de le faire sauter. D'innombrables débris se sont arrêtés dans le petit bras de la Seine, où les péniches amarrées dépassaient de toute leur hauteur le tablier, du Petit-Pont.

La caserne de la Cité a servi de point d'attache aux marins de la flotte appelés à Paris ; une de nos planches le montre (p. 12), et l'on vit rassemblés dans sa vaste cour les canots Berthon et leurs équipages, les prolonges d'artillerie employées au ravitaillement ou au déblaiement et leurs conducteurs, le personnel militaire et le matériel mis à la disposition des autorités parisiennes par le gouvernement.

LE PONT DE L'ARCHEVÊCHÉ.

Reliant la pointe amont de la Cité au quai de la Tournelle et fort peu élevé, il a été l'un des plus menacés, comme nous l'avons déjà dit, et le seul des ponts de pierre dont les flots aient entièrement obstrué les arches. C'est qu'il n'offre point le dos d'âne de la plupart de ses semblables, ce dos d'âne qui excite parfois des plaintes ; car, en temps normal, on se rend peu compte de son immense utilité en cas de crue intense. Frappé normalement par le courant le plus violent, le pont de l'Archevêché faillit être emporté par les eaux et l'on pensa aussi à le faire sauter, pour donner libre passage au fleuve ; mais on réfléchit à temps que ses matériaux risqueraient de causer un obstacle encore plus grave.

L'eau est montée jusqu'au parapet de la Morgue. Un curieux cliché, pris du haut des tours de Notre-Dame donne l'ensemble du spectacle qu'offrait la tête de l'île, berceau du Paris actuel.

LA POINTE AMONT
DE LA CITÉ, VUE
PRISE DU QUAI DE
LA TOURNELLE ET
DU HAUT DES TOURS
DE NOTRE-DAME.

67

LE BUREAU DE
L'INSPECTION GÉ-
NÉRALE DE LA
NAVIGATION ET DES
PORTS.

QUAI ET PORT DE
LA TOURNELLE.

LE QUAI DE LA TOURNELLE.

Nos deux figures se rapportent principalement au bureau de l'inspection générale de la navigation et des ports, qui se dresse, entre deux rampes d'accès aux berges, dans la partie de ce quai comprise entre le pont du même nom et celui de l'Archevêché. C'est que, là aussi, la foule avait à consulter quelque chose et le faisait avec une patience inlassable, sous la pluie, sous la neige, de nuit à la lueur d'allumettes qui avaient consenti à s'enflammer ; on affiche, en effet, aux fenêtres de ce bureau, de tout petits carrés de papier : ce sont les « annonces de crue », dont le bulletin était, on peut le croire, vivement commenté. Sur la muraille amont de ce bureau, les cotes de plusieurs inondations extraordinaires sont indiquées ; mais il ne semble pas que ce soit avec une rigueur absolue, du moins le niveau de 1658 paraît-il un peu différent de celui qui est gravé à l'échelle du pont de la Tournelle.

Au rez-de-chaussée du bureau existe le poste de la brigade fluviale, dont les agents furent chassés par les eaux ; elles ne se contentèrent pas de cette expulsion, du reste, et montèrent jusqu'au plancher du bureau de la navigation, qui dut être précipitamment évacué. Les rampes d'accès avaient été barrées à l'aide de sacs de ciment. La vue du haut est prise en pleine décroissance des eaux.

Le quai de la Tournelle lui-même, formant un peu cuvette en cet endroit, a été envahi par les eaux, refoulées en abondance, lesquelles gagnèrent, de là, les rues de Poissy, de Pontoise, des Bernardins, rejoignirent celles de la rue de Bièvre et le creux profond des alentours de la place Maubert. D'innombrables sacs de ciment ont été perdus sur le port de la Tournelle, d'où, successivement éloignés du flot montant, ils ont fini par être atteints et immobilisés. Sur la figure du bas de la planche on voit quelques-unes des fameuses fenêtres percées par la compagnie d'Orléans dans le mur de nos quais. Elles sont ici de quelque 1 mètre 20 au-dessus du niveau de l'eau, mais celle-ci est montée jusqu'à la hauteur du parapet !

RUE DE BUFFON, GARE DE L'ARSENAL.

Nous refaisons ici un crochet dans la direction du Jardin des Plantes, pour contempler la rue de Buffon, après l'inondation, rue qui fut très éprouvée, ainsi que tout le bas quartier auquel elle conduit. La halle aux vins, tout près de là, fut abondamment inondée. Puis, nous traversons l'eau, au pont d'Austerlitz, afin d'aller jeter un coup d'œil à l'entrée du canal Saint-Martin, à la gare d'eau de l'Arsenal submergée jusqu'à la toiture des hangars élevés sur ses berges. Tout ceci est en dehors de l'itinéraire général que jalonnent nos figures, mais leur apporte un indispensable complément. Sur la berge de l'écluse de la gare de l'Arsenal se trouve une usine élévatoire des eaux d'égout, qui a été complètement submergée.

LA RUE DE BUFFON.

LES HANGARS DE LA GARE D'EAU DE L'ARSENAL, A LA BASTILLE.

RUE DES GRANDS-
DEGRÉS ET RUE
MAITRE-ALBERT.

RUE DES GRANDS-
DEGRÉS ET PLACE
MAUBERT.

LA PLACE MAUBERT.

Le quartier pittoresque par excellence — parmi ceux inondés, s'entend — et plus encore que la rue des Ursins et ses entours. L'eau, ici, trouva une manière de fosse, au confluent des rues du Haut-Pavé, des Grands-Degrés et de la Bûcherie, là où une petite place indique l'ancienne et véritable place Maubert ; elle s'y installa promptement, alléchée sans doute par cette invite du « bistro » du coin de « goûter ses bordeaux purs », se répandit partout aux environs en venant soit du quai de la Tournelle, soit des égouts et gagna le boulevard Saint-Germain, qui, cependant, échappa à ses étreintes ; il est en contre-haut et l'on peut dire que l'actuelle place Maubert proprement dite n'a pas eu d'eau. La terrasse, qui la limite derrière la statue d'Étienne Dolet, à droite, forma tribune naturelle aux innombrables badauds venus pour contempler le spectacle d'un va-et-vient incessant d'embarcations variées dans le dédale des petites rues. Anecdotes curieuses ou amusantes, sauvetages, déguerpissements de maisons branlantes, ravitaillements difficiles, déménagements hâtifs, nulle part on n'en vit de plus qu'en ce point de Paris si haut en couleurs. C'est aussi un des derniers qui, en pleine ville, fut abandonné par les eaux. Rue de Bièvre, rue Maître-Albert ne l'ont cédé en rien, pour l'abondance de l'inondation, pour l'animation pittoresque et pour les dégâts à celles dont il vient d'être question. Nos figures représentent, en haut, la rue des Grands-Degrés et l'entrée de la rue Maître-Albert, en bas le carrefour des rues des Grands-Degrés et de la Bûcherie et de la place Maubert, cette dernière s'en allant tout là-bas, jusqu'à la statue du martyr de la libre-pensée, dont le socle blanc se détache au-dessus de la foule des spectateurs.

LA PLACE MAUBERT.

C'est le 24 janvier au soir que l'envahissement commença. Il atteignit bientôt des proportions considérables, au point, dans la partie la plus basse, au carrefour qui nous a déjà occupé à propos de la planche précédente, d'atteindre au moins 1 mètre 50. La rue de Bièvre, grâce à son étroitesse, à sa chaussée en pente, à ses maisons pittoresques, présentait un tableau infiniment curieux, surtout au moment du sauvetage de nombreux habitants, alors qu'agents et pompiers y naviguaient au secours des uns, pour ravitailler les autres. Mais que de misères et de tristesses ! Quai de la Tournelle, tout un groupe de maisons menaçant ruine dut être évacué complètement.

PLACE MAUBERT,
VUE PRISE DU BOU-
LEVARD SAINT-GER-
MAIN.

PLACE MAUBERT,
VUE PRISE DU QUAI.

MAISONS ÉVACUÉES
QUAI DE LA TOUR-
NELLE.

LA MAISON DES
ÉTUDIANTS PARÉE
POUR L'INAUGURA-
TION.

RUE DE L'HOTEL-
COLBERT.

RUE DE L'HOTEL-COLBERT.

Elle a participé à l'inondation générale des environs de la place Maubert et n'aurait rien présenté de remarquable si les habitants n'avaient disposé de curieux escaliers aériens pour sortir de chez eux — comme on le voit sur notre planche — et si, surtout, il ne s'y trouvait pas un édifice, qui, après des fortunes diverses, est devenu, de par la libéralité de la ville de Paris, le siège de l'association générale des étudiants. L'installation de ce groupement dans le vieil hôtel de l'école de médecine a donné lieu à maintes polémiques, suscitées principalement par les associations corporatives d'étudiants ; il y a eu aussi des difficultés financières, puis l'architecte chargé des travaux de restauration est mort, toute une série « à la noire », qui s'est clôturée — souhaitons, du moins, que ce soit la clôture — par une belle inondation ; cette dernière avait ici, du reste, un caractère tout particulier d'inopportunité, car l'on se préparait à inaugurer, à grands renforts de délégations de province et de l'étranger ; ce fut au contraire la solitude morne sous une pluie incessante délavant la malheureuse tenture apposée à la porte de l'antique amphithéâtre.

LES PONTS AU CHANGE ET SAINT-MICHEL.

Constructions solides,
quasi impérissables, peut-on dire après le rude effort auquel elles ont été soumises !
L'eau en avait obturé les arches, cependant, et un courant terrible frappait à coups
redoublés la maçonnerie. Le pont Saint-Michel dut à sa situation si proche des travaux du Métropolitain et de la galerie du chemin de fer d'Orléans d'être l'un des
points particulièrement surveillés. C'est qu'il y avait là un double danger venant
s'ajouter à la pression des eaux se précipitant par le petit bras de la Seine. Pression
latérale sur la rive gauche aussi, menace de rupture entre la galerie de la gare Saint-
Michel et le tunnel du Métropolitain ; on peut dire que le sinistre s'est arrêté à temps.
La gare Saint-Michel, elle, envahie par infiltrations d'abord, mais contre lesquelles
on put lutter à l'aide de pompes puissantes amenées par un train spécial, puis par
l'inondation générale de la ligne, que les malheureuses ouvertures percées tout le long
des quais, dans un singulier mépris de l'histoire et de ses enseignements, mettaient
à la merci des fantaisies de la Seine, dut être abandonnée en hâte avec les pompes
qu'on y avait amenées. On trouvera, page 23, deux vues relatives à cet endroit.

Au bas de la planche, est une vue prise au quai, si fort inondé, des Grands-Augustins. Remarquer les péniches, qui dépassent à ce moment le niveau du trottoir, alors
que généralement on ne voit que leurs mâts.

LE PONT-AU-CHAN-
GE.

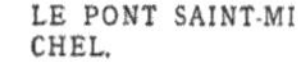

LE PONT SAINT-MI-
CHEL.

LES PÉNICHES
AMARRÉES AU QUAI
DES GRANDS-AUGUS-
TINS VONT BIENTOT
FRANCHIR LE PA-
RAPET.

LA COUR DE LA
SAINTE - CHAPELLE
AU PALAIS DE JUS-
TICE.

LA SAINTE-CHAPELLE.

Faisons une petite pointe dans la Cité pour exa-
miner la Sainte-Chapelle entourée d'eau sur les trois faces où elle ne jouxte point les
murailles du palais. Le palais de justice tout entier eut de l'eau dans ses caves et, tous
calorifères éteints, on y jugea en gelant ou on y gela en jugeant, pour le plus grand
dommage de la procédure. Le dépôt, avec un mètre d'eau dans ses cours, dut lâcher
tous ses pensionnaires. Vit-on pas le moment où, comme au temps jadis, en pareille
aventure, il faudrait aller siéger sur la montagne Sainte-Geneviève ?

PLACE ET RUE SAINT-ANDRÉ-DES-ARTS.

Dévastée déjà par les travaux du Métropolitain, la place Saint-André-des-Arts, formant cuvette à l'intersection de plusieurs rues en pente, a eu de l'eau dans la partie qui donne accès aux rues Hautefeuille (dont on voit l'entrée sur la figure de gauche), Danton, Suger et Saint-André. Mais c'est surtout comme émissaire de cette dernière, envahie sur presque toute sa longueur, qu'elle présensait un aspect curieux. C'était là, de nouveau, Venise ; les canots y filaient sans bruit le long de l'étroit boyau bordé de hautes et vieilles maisons. Notre planche montre précisément cette étrange enfilade — et plus encore la planche suivante — avec quelques spécimens des passerelles fragiles sur lesquelles circulèrent, quelques jours durant, et sans trop de dommages, tant de Parisiens. A gauche, on remarquera ces « cheminées » qui furent construites à la hâte sur une foule de points pour empêcher que les bouches d'incendie, les ouvertures de canalisations souterraines, soient noyées ou pour retarder la sortie de leurs eaux.

RUE SAINT-ANDRÉ-DES-ARTS. PLACE SAINT-ANDRÉ-DES-ARTS.

PASSERELLE DE LA RUE HAUTE-FEUILLE.

VUE D'ENSEMBLE.

PASSERELLE DE LA
RUE DE L'ÉPERON.

RUE SAINT-ANDRÉ-
DES-ARTS.

RUE SAINT-ANDRÉ-DES-ARTS.

Ici, autres types de passerelles, faisant communiquer, par-dessus la rue Saint-André-des-Arts, les rues Séguier et de l'Éperon, à l'angle du lycée Fénelon. La gravité des circonstances n'empêcha jamais les passants de poser pour l'objectif.

La figure principale donne la vue paronamique d'ensemble de la rue Saint-André, prise en aval de la rue des Grands-Augustins. Inutile de dire que les rues Gît-le-Cœur, Séguier, des Grands-Augustins furent abondamment inondées.

RUE SAINT-ANDRÉ-DES-ARTS.

Ce n'est point pour la rue Saint-André-des-Arts que nous donnons ces figures pittoresques, mais comme des exemples, à la vérité assez typiques, des moyens employés par les Parisiens inondés de sortir de chez eux ou d'y rentrer. Embarcations de toutes natures — et l'on ne saura jamais jusqu'où est allée l'ingéniosité en matière de construction de radeaux, par exemple — passerelles assises, sur les supports les plus variés, chevalets, tréteaux, barriques, caisses, voitures, etc., on utilisa tout cela pour gagner la rue ou rejoindre son escalier en franchissant les cours submergées.

RUE SAINT-AN-
DRÉ-DES-ARTS.

QUAI DES GRANDS-
AUGUSTINS.

CARREFOUR DE LA
RUE BONAPARTE ET
DE LA RUE JACOB.

QUAI DES GRANDS-AUGUSTINS.

Très menacé à cause du chemin de fer d'Orléans, qui lui a valu une abondance d'eau toute particulière. On a pu craindre, en effet, que les voûtes de la ligne souterraine cèderaient sous l'énorme pression qu'elles avaient à subir, et il a fallu précipitamment charger les points les plus faibles d'amas de pavés. En somme, les dégâts se sont bornés à quelques fissures partielles, mais les infiltrations ont été nombreuses et le quai, tout entier, a été durement éprouvé. La situation des riverains des quais avait ceci d'angoissant, que le danger s'offrait à leur vue dans toute son ampleur et que tout sauvetage, déménagement ou ravitaillement était rendu difficile par le fait de l'éloignement des rues transversales. Nous avons déjà donné, page 79, un détail montrant les péniches amarrées dans le bras de la Monnaie, prêtes à franchir, semble-t-il, le parapet ; en temps ordinaire, on ne les voit pas du trottoir élevé, masquées qu'elles sont encore par la file ininterrompue des boîtes des bouquinistes.

RUE BONAPARTE.

C'est ici la rencontre de la rue Bonaparte et de la rue Jacob. L'eau venue par le quai Malaquais, et surtout par cette dernière rue et la rue de Seine, rejoignit la rue Saint-Benoît. Il y en eut, rue Jacob, jusqu'à l'hôpital de la Charité. La rue Bonaparte fut indemne devant l'entrée de l'école des beaux-arts et les eaux de la rue des Beaux-Arts ne gagnèrent pas ce point.

LE PONT-NEUF.

     Massif et résistant, comme nos autres ponts de pierre, mais plus beau et plus glorieux, il a laissé un petit passage aux flots sous ses principales arches. Mais derrière lui, le charmant square du Vert-Galant, promptement envahi puis submergé, a formé le contraste voulu par les lois de l'esthétique.

  Les bains de la Samaritaine ont fourni une attraction en quelque sorte permanente aux badauds ; le bas-quai auquel ils s'amarrent et son petit jardin peu à peu débordés, il a fallu de continuelles manœuvres pour larguer ou resserrer les câbles et poutres d'amarrage, rehausser la passerelle de communication, jusqu'au moment où l'édifice entier domina de haut le quai voisin. Un autre élément d'intérêt était fourni par l'échelle placée contre l'avancée du mur dudit quai ; on y vit successivement des niveaux fort suggestifs atteints et dépassés, puis l'échelle tout entière disparut ; la figure que l'on pourra voir au verso de notre titre, prise en pleine décrue, montre avec éloquence, par le niveau lavé sur la pierre, de combien l'inondation de 1910 a dépassé ses devancières.

LE PONT-NEUF.

LES BAINS DE LA
SAMARITAINE ET LE
PONT-NEUF.

LE SQUARE DU
VERT-GALANT A LA
BAISSE DES EAUX.

LE SQUARE DU VERT-GALANT.

Inondé d'emblée, nous l'avons dit,
il n'a plus laissé dépasser bientôt que les branches de ses arbres. Nos vues sont prises
à la décrue, et celle du haut montre bien jusqu'où l'eau est montée, par les herbes,
pailles et autres débris restés attachés aux rameaux après la baisse de celle-ci. Rien
de plus singulier, du reste, en général, que les arbres des berges et bas-quais avec l'étrange
chevelure dont la crue les gratifiait en se retirant. On en voit aussi un spécimen planche
précédente.

L'ÉCLUSE DE LA MONNAIE.

Elle est représentée ici bien avant le niveau maximum, pendant lequel on ne la voyait plus du tout ; c'était alors une nappe étale qu'offrait le bief de Paris. Remarquez le curieux effet décoratif produit par les multiples remous consécutifs à l'arrêt opposé aux flots par les barrières des portes de l'écluse, et la dénivellation occasionnée par ces modestes obstacles. Les eaux ne sont pas encore assez hautes pour que les mouvements du fond ne se fassent plus sentir ; à droite, c'est l'eau qui glisse sans un pli dans le canal rectiligne, avec une ligne de partage visible entre l'écluse et le bras voisin, ligne constituée par une très légère dénivellation au droit de la muraille de l'écluse ; au premier plan, les remous, dont il a été question, qui rejoignent le courant précipité du grand bras de la Seine ; au centre, un courant moins vif, des rides et des oscillations marquant le petit bras, et une nouvelle surface lisse au-dessus du barrage longitudinal partant de la pointe du Vert-Galant.

La planche est complétée par une scène d'un tout autre genre, encore qu'elle se passe à deux pas de là. Le flot est descendu et ce sont les pêcheurs à la ligne qui en profitent le long du quai des Orfèvres. On vit de ces braves pêcheurs, imperturbables, disputer au fleuve, marche à marche, les escaliers conduisant aux berges ; seuls, au niveau du flot montant, ils attendaient la venue du poisson dérangé dans ses habitudes et la foule en plus d'un point s'émerveilla de tant de sang-froid et de tant d'à-propos. A-t-on pris plus de poisson qu'en temps normal ? C'est ce que la statistique nous dira peut-être dans quelques années. A la décrue, les mêmes enragés s'avancèrent partout où la Seine leur abandonnait un pouce de terrain, si mouvant, si fangeux soit-il. Pêcheurs et marchands de cartes postales, c'est pour eux, semble-t-il, que l'inondation a eu lieu.

QUAI DES ORFÈ-
VRES.

ÉCLUSE DE LA MON-
NAIE.

RUE DE SEINE.

La rue de Seine mérita doublement son nom ; une véritable dérivation du fleuve y passa. Les caves étaient envahies le 25. Le 26, vers une heure de l'après-midi, l'eau apparut sur la chaussée, dans la partie basse de la rue, pour gagner bientôt la rue des Beaux-Arts, la rue Visconti, la rue Jacob, la rue de Buci... La corporation des libraires, qui hante ce quartier, a été durement éprouvée.

On a beaucoup navigué, et par un mètre de fond, dans la rue de Seine. Des sauvetages mouvementés ont dû y être effectués ; c'est ainsi qu'aux numéros 35 et 37, il fallut évacuer les habitants par la rue Mazarine et pour cela percer le mur mitoyen. Notre planche représente précisément la partie la plus atteinte de cette vieille artère, avec, à gauche, l'école nationale des arts décoratifs, section des demoiselles — qui sait, le sinistre va peut-être hâter la solution de la question de l'école des arts décoratifs ? — et, au fond, l'Institut, dont il est question plus loin. Les eaux de la rue de Seine avaient rejoint, au plus fort de l'inondation, celles qui s'étaient engagées dans la rue Jacob. Dès le 1er février, le niveau baissait d'heure en heure.

A L'INSTITUT.

Les quais Conti et Malaquais touchés, la rue de Seine très
envahie, la rue Mazarine moins, c'était l'Institut cerné. Et l'on navigua dans ses cours
paisibles. Quelques immortels héroïques prirent néanmoins séance, amenés, qui en
bateau, qui à dos d'homme, cependant que le secrétariat, plein d'eau, n'offrait aux aca-
démiciens que le précaire adjuvant d'une vaine passerelle, trop peu solennelle entrée
au regard des bustes alignés et stupéfaits. Nos images donnent quelques aspects des
cours et des moyens employés pour y parvenir ou y circuler.

Le passage conduisant à la rue Mazarine servit de poste aux coloniaux et agents
de garde, qui y trouvèrent un abri temporaire.

DANS LES COURS DE L'INSTITUT.

PORT SAINT-NICO-
LAS ET PONT ROYAL·

LE PORT SAINT-NICOLAS.

L'aspect des lieux tel que l'offre notre planche,
montre suffisamment les dégâts causés en ce port habituellement plein d'activité, si
vivant et qui fait de ce coin de Paris comme l'image réduite d'une cité maritime. D'autre
part, on observera, au fond, sur le Pont-Royal, la trace très nette laissée par les eaux,
qui ont disloqué sans merci les nombreuses maisonnettes servant ici aux bureaux des
compagnies de transport, aux dépôts de matériel et de marchandises, aux postes de la
douane et de l'octroi. Amarrées en hâte aux arbres du quai, elles ont été portées par
le flot jusqu'au niveau suprême pour redescendre avec lui et s'abîmer sur la berge dé-
gagée. Il en a été de même dans tous nos ports — les premiers points envahis et les
derniers délivrés — où les dégâts ont généralement été considérables. C'est là que le
chômage s'est fait le plus cruellement ensuite, plus peut-être que pour les mariniers, car
le personnel des débardeurs et autres auxiliaires du déchargement et du coltinage ont
une situation moins certaine et souvent moins enviable. Une foule de marchandises
n'ont pu être évacuées à temps, sur ces différentes berges où elles s'accumulent en
temps normal; on s'est laissé surprendre, on avait jugé suffisant de les déplacer, de les
remonter un peu. Ne serait-il pas possible, en temps de crue, que les autorités se livrent
à de plus sérieux avertissements et rappellent aux intéressés, qui ne savent pas l'histoire, les dates de 1658, 1740, 1802, pour ne parler que des plus dignes d'être citées ?
On ne s'imagine pas assez que les mêmes phénomènes se produisant, des conséquences
identiques, ou plus graves même, comme ce fut le cas, sont fatalement à craindre.
Le lamentable aspect de nos ports enfin libérés sera un enseignement... pour quelques
années.

LE PONT DES SAINTS-PÈRES, LE PORT SAINT-NICOLAS.

Comme le pont des Arts, d'aspect si fragile, le pont des Saints-Pères a causé de vives inquiétudes et la circulation dut y être interdite à un moment donné. L'eau est montée jusqu'au tablier. C'était là, peut-être, que les flots de la Seine se précipitaient avec le courant le plus violent, car les eaux divisées par la Cité et comprimées dans le petit bras se rejoignent ici et viennent battre en toute vigueur ce premier obstacle dressé devant le fleuve élargi. Puisque nous parlons de ponts, notons ici que le 26 janvier, il fallut proscrire le passage des autobus et autres gros véhicules ; ainsi Paris se trouva partagé en deux au point de vue des transports par voitures, et ce fut bien l'une des plus singulières manifestations de cette période, que ce bouleversement complet des moyens de communication, sur lesquels cependant l'existence de milliers de gens est basée directement ou indirectement.

Trois vues du port Saint-Nicolas montrent les progrès de la submersion le long du quai des Tuileries et l'envahissement d'heure en heure plus complet des maisonnettes de la douane, de l'octroi, etc,

PONT DES SAINTS-
PÈRES.

LE PORT SAINT-NI-
COLAS A TROIS
ÉTATS DE LA CRUE.

TRAVAUX DE PRO-
TECTION AU QUAI
DU LOUVRE.

QUAI DU LOUVRE.

LA DIGUE DU QUAI DU LOUVRE.

Ainsi qu'on peut s'en rendre compte
par les deux figures que voici, un travail gigantesque a été effectué le long du parapet
du quai du Louvre. C'est qu'il s'agissait de préserver les sous-sols du musée, pour certains desquels on avait quelques craintes. L'eau, qui, dans la nuit du 25 au 26, n'était
plus qu'à quarante centimètres du faîte du parapet, ne tarda pas à atteindre le bord
de celui-ci; mais, grâce aux importantes mesures prises, le quai ne fut pas envahi.
Le parapet avait été exhaussé de quarante à cinquante centimètres environ au moyen
de sacs de ciment maintenus par de solides cloisons de madriers, contrebuttées elles-
mêmes de deux en deux mètres, par des étais. Aux points faibles, à l'ouverture des
rampes d'accès aux berges, un barrage de sacs en ciment et de terre fortement battue,
s'opposait à l'invasion de l'eau. On a pu voir l'honorable M. Dujardin-Beaumetz
au sommet de ce retranchement improvisé, exprimant sa satisfaction des mesures
prises pour sauvegarder le palais.

QUAI DES TUILERIES, PONT-ROYAL.

Ne pas prendre pour un niveau la ligne d'ombre marquée sur notre figure, à l'aval des arches du Pont-Royal; du reste, la Seine est ici à l'étiage de la crue ou peu s'en faut, tandis qu'elle est loin de l'avoir atteint sur la figure qui montre l'embarcadère des bateaux parisiens, avec ses barrières où, deux mois durant, personne n'aura stationné. Il ne l'est pas tout à fait dans la figure du haut, prise du pont de Solferino, lequel fut, on le sait, l'un des plus menacés, parce que l'un des plus bas. Cependant la comparaison de ces deux dernières figures est déjà éloquente.

La foule énorme qui, le dimanche 30 janvier, stationna — autant qu'on le lui permit — le long des quais et sur les ponts où la circulation n'était pas interdite, apparaît ici sur deux points. Elle fut ce jour plus silencieuse peut-être et plus morne qu'aux jours précédents, et cependant, on peut le dire, le danger était passé depuis la veille; effet de réaction, sans doute, et combien naturel.

LA FOULE DU DI-
MANCHE AU QUAI
DES TUILERIES.

EMBARCADÈRE DU
PORT DU LOUVRE.

PONT-ROYAL ET
TUILERIES.

PASSERELLES DE LA
RUE DE LILLE ET
DE LA RUE DU BAC.

LA RUE DU BAC.

Quittons un instant les bords de la Seine pour gagner les quartiers qu'elle inonda, directement ou indirectement, sur la rive gauche. Voici la rue du Bac, où une autorité prévoyante installa de très hautes passerelles ; la population qui y défila avait, il faut le croire, non seulement le pied marin, mais le pied montagnard, car les chutes furent rares, et la bonne humeur ne cessa de régner. Amusant, du reste, le défilé des bonnes gens, ravis de passer sous le feu de l'objectif ; l'observateur avait à sa disposition une immense galerie de types, et comme on ne pouvait ni s'écarter ni se perdre derrière les voitures ou dans un rang ultime, chacun devait, au passage, se montrer gai ou bourru, mécontent ou satisfait, selon son tempérament, sans dissimulation possible. Les Parisiennes riaient, voltigeant sur ces planches branlantes ; il y avait par-ci, par-là un monsieur pressé, en haut de forme, que l'inquiétude du rendez-vous manqué tendait en avant, furieux de voir la file interminable avancer si lentement. D'autres portaient avec solennité les vivres qu'ils venaient d'acquérir aux prix d'acrobaties inaccoutumées.

BOULEVARD SAINT-GERMAIN, RUE DE LILLE.

Il fut inondé à partir
du ministère des travaux publics jusqu'à quelques pas de la rue de Bourgogne, sans que
les eaux répandues dans ces deux artères se rejoignissent pourtant. Et ce fut étrange
que cette vaste avenue déserte avec le soleil, se reflétant, morne et voilé, sur une nappe
saumâtre et comme étonnée de se trouver en un point qu'elle n'envahissait qu'avec
timidité. Ce fut assez toutefois pour provoquer un grand exode de pavés de bois,
particulièrement à l'entrée de la rue de Lille, la plus inondée, ainsi que le montre
une des figures ci-contre. Le boulevard Saint-Germain participa donc à cette grande
inondation du quartier, provoquée par l'irruption des eaux à travers les jours de la
ligne d'Orléans, aux alentours de la gare du quai d'Orsay.

La rue de Lille, disions-nous, fut la plus inondée de cette partie de la rive gauche.
On le voit par une figure où apparaissent et les moyens employés par les habitants
pour sortir ou pour pénétrer, et l'activité de la navigation.

BOULEVARD SAINT-GERMAIN.

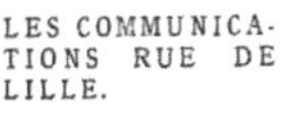

LES COMMUNICA-TIONS RUE DE LILLE.

LA RUE DE LILLE ET LE BOULEVARD SAINT-GERMAIN.

RUE DE POITIERS.

BOULEVARD SAINT-
GERMAIN.

ENTRÉE DE LA RUE
SAINT - DOMINIQUE.

BOULEVARD_SAINT-GERMAIN, RUE DE POITIERS.

Directement
inondée par la vague issue de la gare d'Orsay, la rue de Poitiers amena le flot, non
bienfaisant, rue de Lille, rue de Verneuil, rue de l'Université, par elles rues du Bac
et rue de Villersexel, boulevard Saint-Germain, rue de Solferino.

On sait quelles graves conséquences ont eu pour le quartier la présence de la
ligne d'Orléans et les chantiers de la compagnie du Nord-Sud. Au boulevard Saint-
Germain, notamment, ce fut entre la rue de Courty et la rue de Solférino, un bouleversement complet de la chaussée produit par de redoutables et réitérés effondrements
de la ligne souterraine. Dès avant la crue, l'endroit était menacé ; mais ce fut
bien pire lorsque les eaux se précipitèrent dans le tunnel offert, par une singulière
maladresse, à leurs tumultueuses vagues.

La nouvelle vue que l'on trouvera ici du boulevard Saint-Germain est prise à
la hauteur de la rue Saint-Dominique et ne donne qu'une idée très approximative
de ce que fut la chaussée un peu plus bas, près de la rue de Lille, où d'effrayantes
excavations se produisirent, sans que le public, du reste, put les voir.

LA GARE D'ORSAY, LE PONT DE SOLFERINO.

Le pont apparaît
ici durant que les eaux en atteignaient le tablier, et que, par mesure de prudence bien
justifiée, on y interdisait régulièrement toute circulation. L'image est saisissante
et montre même ce que l'on n'y voit pas, la rue de Solferino submergée, la
Légion d'honneur (voy. p. 20) transformée en une sorte d'îlot menacé de toutes
parts et dressé au point le plus dangereux, le quai lamentable... Celle de la gare
d'Orsay, transformée en thermes à double piscine, ne l'est pas moins.

Les journaux ont assez dit, expliqué et commenté les causes de l'inondation en
ce point pour que nous n'allongions pas à ce sujet. Qu'il nous suffise de dire que les eaux
ayant envahi la ligne souterraine, de la gare d'Austerlitz au quai d'Orsay, soit par les
ouvertures percées dans la muraille des quais au mépris des règles formulées par Belgrand, soit en passant par dessus le parapet dans les points bas, et à ciel-ouvert, situés
au quai Saint-Bernard, elles emplirent complètement la ligne transformée en canal
souterrain en faisant naître, ici et là, les plus vives inquiétudes — à la place Saint-
Michel et au quai des Grands-Augustins, notamment — et naturellement n'épargnè-
rent pas la gare terminus où dès le 24, tout trafic avait cessé, personnel et matériel ayant
été évacués en hâte à Austerlitz, en attendant que cette gare fut immobilisée à son tour.
Fait assez curieux, la ligne étant plus élevée ici qu'en amont, on vit les eaux ressortir en
cataractes par les baies du quai, à la hauteur du palais de la Légion d'honneur, et retourner
ainsi à la Seine après un assez long trajet le long de la rive gauche. Mais il y eut plus. Des
jours sont ménagés dans les trottoirs du quai d'Orsay, au même endroit, et recouverts d'é-
paisses dalles de verre. D'un bloc, ces dalles furent soulevées par la pression qui se produisait au-dessous d'elles, et ce fut alors un torrent qui se répandit dans les rues adjacentes
par les rues de Lille, de Poitiers et de Solferino, et occasionna les dégâts dont on se
plaignit si vivement, source (c'est le cas de le dire) de procès qui seront sans doute fort
curieux. Nous avons vu dans plusieurs des pages précédentes les points atteints par le
fleuve nouveau, auquel, bénévolement, on traça une voie à travers nos demeures;
page 21, nous avons reproduit un peu des ravages produits, avec les effets d'érosion
occasionnels autour d'une de ces plaques d'éclairage, contre la terrasse du palais de la
Légion d'honneur.

LA GRANDE PIS-
CINE DE LA GARE
D'ORSAY.

PONT DE SOLFÉ-
RINO AU MOMENT
OU LA CIRCULA-
TION Y FUT INTER-
DITE.

LA RUE DE BOURGOGNE.

Grande animation en ce coin, car la Chambre est toute proche, et, qui plus est, la session bat son plein et l'on discute le budget. Aussi, lorsque les abords du Palais-Bourbon, envahis, ne permirent plus aux députés de se rendre tranquillement au siège de leurs délibérations, songea-t-on à leur procurer un accès par la rue de Bourgogne et la cour d'honneur du Palais; de là, grand mouvement de troupes et de matériel, les soldats du génie ayant improvisé quelques passerelles, perfectionnées et complétées peu après. Une de nos figures présente le spectacle d'un peu de cette animation, qui commençait à l'intersection de la rue de Bellechasse.

Dans la partie basse, le long de l'aile latérale du Palais-Bourdon, l'eau bouleversa le bureau de poste et arriva presque au boulevard Saint-Germain, sans se joindre, comme nous l'avons déjà dit, avec celle dudit boulevard. Ce fut ici la ligne de partage des eaux, une sorte de faîte, assez peu élevé du reste, entre le flux venu de la gare d'Orsay et celui amené par le Nord-Sud, qui se répandit jusqu'aux Invalides.

LA PLACE DU PALAIS-BOURBON ET LA CHAMBRE DES DÉPUTÉS.

Le Palais-Bourbon ne devait pas échapper au désastre et l'eau, ne pouvant l'attaquer par devant, défendu comme il l'est par le double rempart du quai et des grilles,
escalier, péristyle, terrasses et bâtiments annexes, l'a sournoisement envahi par derrière. Dès le 24 janvier les calorifères se sont éteints dans les caves inondées. Le froid
devient glacial et les fameux couloirs se remplissent de députés inquiets que la discussion du budget ne suffit plus à réchauffer. Puis c'est le tour de l'éclairage électrique
qui devient intermittent ; des lampes à huile suppléent mal à ses défaillances ; mais
c'est en vain que les pompiers cherchent à préserver les machines, le 25 l'envahissement est complet au sous-sol et l'électricité s'éteint définitivement. Dans la salle des
séances seule, les appareils à gaz ayant été conservés, on voit suffisamment clair pour
siéger le soir.

    Le 26, les eaux, qui s'avancent par la rue de l'Université, menacent les dépendances de l'hôtel de la présidence. Les députés adoptent par acclamation ce jour-là
un projet de résolution, présenté par M. Georges Berry et plusieurs de ses collègues,
par lequel la Chambre « envoie ses félicitations et l'expression de son admiration
aux agents des services publics et aux troupes du gouvernement de Paris pour le zèle
et le dévouement dont ils font preuve ». Le président du Conseil rend hommage à la
vaillance et au sang-froid de la population tout entière.

LA COUR D'HON-
NEUR.

ARRIVÉES DE DÉ-
PUTÉS.

AU PALAIS-BOURBON.

ENTRÉE DE LA CHAMBRE DES DÉPUTÉS.

LE PALAIS BOURBON.

Jusqu'au 27, le Palais-Bourbon et le ministère des affaires étrangères formaient, sur la rive gauche, une sorte de presqu'île rattachée à la rive droite par le pont de la Concorde, presqu'île entourée de tous côtés de près d'un mètre d'eau. Il a fallu bientôt fermer cet isthme, que la vague furieuse menaçait, et n'y laisser passer qu'avec circonspection députés ou personnes que leurs devoirs professionnels appellent à la Chambre. La rue de Bourgogne présente un phénomène assez curieux; les pavés de bois se sont détachés de la chaussée et, séparés d'elle par la masse liquide, ils flottent en rangs pressés; on le voit amplement page 116.

Mais l'eau, qui arrive par les rues de l'Université et de Bourgogne, par les deux tronçons du quai d'Orsay, gagne la cour d'honneur où, pendant un jour ou deux, on ne pénètre plus qu'en canots conduits par des marins de l'état ou en radeau. C'est alors qu'on se décide à faire construire par les soldats du 5ᵉ génie — ainsi qu'on le voit sur notre planche — une passerelle qui permettra aux représentants de la nation de se rendre dans la salle de leurs délibérations. Pour la première fois, le 28, la garde du palais n'a pas rendu les honneurs accoutumés au président se rendant en séance.

La situation ne s'améliore que le 1ᵉʳ février. Le 2, la cour d'honneur était évacuée par les eaux qui y laissaient un léger limon.

RUE DE LILLE, RUE SAINT-DOMINIQUE.

Il nous a paru bon d'accorder encore une place à ces deux artères tant inondées. C'est ici la rue de Lille, prise en deçà de la rue de Beaune, avec, dans le fond, à droite, la chapelle protestante à l'angle de la rue du Bac (dont on aperçoit les passerelles), la caisse des dépôts et consignations, l'hôtel du Palais-d'Orsay, la Légion d'honneur... A gauche, ce qui est le plus notoire, c'est un charmant trottin attendant de pied ferme le bateau qui lui permettra d'achever sa course urgente.

La rue Saint-Dominique présente un assez saisissant spectacle. C'est après le passage des eaux, et il y a de la glace.

LA RUE SAINT-DO-
MINIQUE APRÈS LE
PASSAGE DES EAUX.

RUE DE LILLE.

PONT DE LA CON-
CORDE.

CHANTIERS DE LA
LIGNE NORD-SUD A
LA PLACE DE LA
CONCORDE.

LE PONT ET LA PLACE DE LA CONCORDE.

Par le pont de la Concorde,
le moins solide de nos anciens ponts de pierre, encore qu'il se soit parfaitement com-
porté, nous regagnerons les bords de la Seine et c'est pour y voir tout d'abord l'étrange
dévastation du chantier de la ligne Nord-Sud, en face du Palais-Bourbon. Nous sommes
tout près de la Concorde, sur la berge du port des Tuileries, et l'on ne sait vraiment si
la Seine passe au premier ou à l'arrière-plan ; il faut l'indice de la Chambre des députés pour s'y reconnaître. Des péniches, portées au niveau du quai, accroissent la
confusion. On sait que, de même que la ligne d'Orléans, celle du Nord-Sud nous valut
de véritables transes et qu'elle provoqua l'irruption des eaux dans le Métropolitain,
jusqu'à la gare Saint-Lazare. Flots tumultueux de la Seine, flots sous la Seine dans
la ligne souterraine, flots dans les places et rues voisines, c'était ici un étrange amalgame
d'eaux venues de plusieurs points par suite d'accidents divers, et il n'est pas aisé de
faire la part de chacun d'eux dans le sinistre. D'importants travaux de protection
furent effectués pour empêcher la submersion complète de la place de la Concorde et
des Champs-Elysées. Une digue, construite par le génie, barrait notamment l'accès
très peu élevé de la rampe du port de la Concorde ; il y a là une manière de baie où
porte le courant du fleuve et qui a été réservée comme à plaisir pour lui permettre de
pénétrer sur la place.

LES CHAMPS-ÉLYSÉES.

On se rend bien compte sur cette planche, de la
digue dont il vient d'être question. Elle n'a pas tout empêché, car maintes infiltrations
se sont produites qui ont amené de l'eau dans la partie des Champs-Élysées située
entre l'avenue, le Cours-la-Reine et le Petit-Palais, mais elle a cependant protégé la
place qui, sans elle, eût été complètement envahie, et de bonne heure. C'était assez
qu'elle le fût en ses dessous! Comme on le verra, planche suivante, une seconde digue,
faite en sacs de ciment, est venue maintenir le liquide amené par infiltration aux environs de l'avenue Dutuit, de sorte que les eaux ne se rejoignirent pas tout de suite sur
ce point-là. Page 132, une figure, qui se rapporte encore à ce quartier-ci, montre les
travaux de protection effectués par le génie le long du parapet, très atteint, du quai de
la Conférence.

DIGUE PROTÉ-
GEANT LA PLACE DE
LA CONCORDE ET
LES CHAMPS-ÉLY-
SÉES.

CHEZ LEDOYEN.

DIGUE DE L'AVE-
NUE DUTUIT.

AUX CHAMPS-ÉLYSÉES.

LES CHAMPS-ÉLYSÉES.

Pittoresque, effet, scène « bien parisienne » :
le restaurant aimé de nos notabilités tranformé en île et rejetant à son tour l'eau qui
emplit ses sous-sols. Les terres sont quelque peu mouvantes par là et, le long de l'avenue
des Champs-Élysées, il fallut interdire une bande de terrain assez étendue où des
affaissements se produisaient ; l'eau était là, toute proche, dans le premier dessous,
pourrait-on dire pour ne point que « le théâtre » perdit tous ses droits en ces affaires,
mais elle ne se montra que davantage sur la gauche, de façon à transformer ce carré
en une sorte de bois immergé.

AVENUE MONTAIGNE.

L'inondation ne s'en est pas tenue aux quartiers « pauvres » ou commerçants, elle a touché, et sérieusement, un quartier « riche ». L'avenue Montaigne, en effet, presque entière, a été submergée, ainsi qu'un tiers environ de la rue Jean-Goujon et tout le quai de la Conférence. Il y eut des sauvetages élégants, des déménagements chics ; des rez-de-chaussée extrêmement soignés furent envahis — et il y eut bonne mesure — tout, comme là-bas, à la périphérie, ou, moins loin, à « la Maube », il y eut des désastres prolétariens, des déménagements de guenilles. A la vérité, ceux-là ne compensèrent pas ceux-ci. Quoi qu'il en soit, voilà la belle avenue Montaigne, muée en une voie d'eau admirable, où l'on ne vit guère naviguer que les domestiques. Femmes de chambre accortes ou sévères, valets de chambre solennels ne furent point exposés ici à la pénible extrémité d'aller tirer de l'eau, à un filet parcimonieux aménagé par la diligente voirie, ainsi que ce fut le cas dans d'autres quartiers « très bien », boulevard de la Madeleine et lieux avoisinants, par exemple, qui ne furent point inondés, mais manquèrent d'eau tout de même. Une des figures de nos premières pages enregistre l'attente des dignes serviteurs autour du robinet dispensateur.

Après la place de l'Alma, indemne quant à sa surface, l'eau réapparaissait quai Debilly, jusqu'au Trocadéro, noyant au passage la manutention militaire. Il est bas, le quai Debilly et fut très éprouvé ; deux de ces incidents multiples que nous offrirent abondamment les voies submergées ou sur le point de l'être, se rapportent ici au quai Debilly et sont notés page 5 ; c'est un déménagement précipité de braves gens affolés et se croyant prêts de périr, et une navigation étrange pour porter des vivres à ceux qui ne pouvaient plus sortir. Au quai de la Conférence, très menacé au dehors par la Seine qui atteignit presque le sommet du parapet, et très mouillé au dedans par de surabondantes infiltrations, il fallut soutenir le mur par des étayages de sacs de ciment et rehausser le parapet à l'aide de semblables matériaux, ainsi que le montre une figure de la page 132.

AVENUE MONTAIGNE.

DEVANT LE MINIS-
TÈRE DES AFFAIRES
ÉTRANGÈRES.

QUAI DE LA CONFÉ-
RENCE.

LE QUAI D'ORSAY
ENTRE LE PONT DE
LA CONCORDE ET LA
GARE DES INVALI-
DES.

LE QUAI D'ORSAY.

Inondation quasi ininterrompue tout le long de la Seine à partir du quai d'Orsay, et due, en amont, à la rupture d'un ancien égout consécutive aux travaux du chemin de fer souterrain dit du Nord-Sud, plus bas à des infiltrations de caractères divers, enfin à la situation très peu élevée des berges et quais à Grenelle et à Javel. C'est à peine si quelques points infimes, devant le Palais-Bourbon, à l'entrée du pont Alexandre, aux têtes du pont d'Iéna et du pont Mirabeau et du viaduc du Point-du-Jour, furent épargnés. Le quai d'Orsay eut sa large part de cette distribution d'eau ; nous avons vu déjà l'apport énorme de la ligne d'Orléans, arrivant, pour ne parler que des quais, presque jusqu'à la Chambre des députés. Il y a ici au pont de la Concorde, une sorte de terre-plein, puis le creux recommence et va jusqu'au pont Alexandre ; forte lagune naturellement, entre les deux, faisant du ministère des affaires étrangères un îlot. Deux vues montrent cette section du quai, prises de l'amont et de l'aval.

LA GARE DES INVALIDES.

Toute la rue de Constantine envahie, c'était
la conséquence naturelle de l'inondation du quai d'Orsay. Celle de la gare des Invalides participait de deux sources, de cette dernière, puis de la submersion générale de
la ligne des Moulineaux, tout aussi remplie que la ligne d'Orléans. La figure qui représente une des faces latérales du bâtiment de la gare, montre la nappe d'eau d'origine
superficielle ; une autre, donnant la vue du bassin formé par les têtes de lignes, se rapporte à la nappe venue par le souterrain.

RUE DE CONSTAN-
TINE, ENTRE LA
GARE DES INVA-
LIDES ET LE MINIS-
TÈRE DES AFFAIRES
ÉTRANGÈRES.

GARE DES INVALIDES.

LE GUÉ DES VOI-
TURES ET LA PAS-
SERELLE DES PIÉ-
TONS.

ESPLANADE DES INVALIDES.

Le grand lac parisien! Il n'y avait qu'un espace carré, au centre, dépendant du pont Alexandre et formant presqu'île, qui fut indemne. C'était cependant là qu'il fallait passer, les ponts, en amont ou en aval, étant interdits ou ne donnant plus accès qu'à des rues impraticables. Aussi l'un des premiers soins du génie militaire fut-il l'établissement en ce point de deux passerelles interminables pour les piétons montants et descendants, dont l'une même fut remplacée ensuite par un véritable pont militaire sur chevalets; les voitures, elles, passaient à gué, ou à peu près. Le saut-de-loup des Invalides fit connaissance avec une onde qui ne l'avait guère touché jusqu'ici. Se reporter à la page 6, où l'on trouvera encore une vue de l'esplanade avec la foule, réfugiée sur les points non atteints, qui assiste au défilé des véhicules et des piétons.

LA RUE SURCOUF.

Au point le plus bas de la partie du quartier des Invalides en bordure de la Seine, cette artère perpendiculaire au fleuve a reçu un énorme contingent liquide. Le « café de l'Aquarium » en a été la principale gloire. Combien a-t-on relevé, au cours des néfastes journées, de ces enseignes singulières, de ces textes dont les événements se chargeaient, à l'improviste, ou de démentir le caractère, ou de l'accentuer jusqu'à la suprême ironie ? Tel fut le café de l'Aquarium, fermé et pour cause ; l'écriteau qui le signalait ainsi à l'attention a été popularisé par la carte postale et lui a assuré, sans doute, une durable renommée. Qui sait, on fera peut-être remonter à la grande inondation cette appellation typique ; l'origine de bien des légendes héroïques n'est pas mieux assise. La scène de ravitaillement que nous reproduisons méritait, elle aussi, de passer à la postérité ; que l'on n'oublie pas qu'elle se passe à Paris, le 29 janvier 1910

LE CAFÉ DE L'AQUA-
RIUM.

LE PASSAGE DU
BOUCHER ET DU
BOULANGER.

RUE SURCOUF.

ESPLANADE DES INVALIDES.

ESPLANADE DES INVALIDES.

Les vues de la page 136 étaient prises du
quai. En voici prises des Invalides. Les pontonniers construisent leur pont de chevalets, selon les règles ; au second plan, le lac, ridé par une légère brise, au fond la
berge indemne conduisant au pont Alexandre. Puis voici la rue Fabert ; ici, avec, au
premier plan, l'ancien hôtel de Sagan, et toujours les canots Berthon et leurs marins ; là, en sa partie moins aristocratique, avec l'entrée de la rue Saint-Dominique
et, autre genre d'esquif, une barque de pontonniers.

AU LONG DU QUAI D'ORSAY, ENTRE LE PONT DES INVALIDES ET LE PONT DE L'ALMA.

Nous verrons page suivante l'aspect d'ensemble de ce quai interminable, mais les figures que voici feront mieux saisir encore et l'ampleur du fleuve en cet endroit et l'effet pittoresque de ses rives débordées. Les figures du haut sont prises un peu en amont du pont de l'Alma et de la passerelle Debilly; pour celle du bas l'opérateur s'est placé immédiatement en aval du pont des Invalides.

Non seulement les vastes dépôts de matériaux de construction ont disparu avec les berges qui les portent — ne laissant guère émerger ici que le haut de la toiture d'une maisonnette édifiée au point le plus élevé — mais la ligne des Moulineaux elle-même ne se distingue plus de la masse du fleuve qu'elle séparait du quai; les disques protecteurs de la station du pont de l'Alma permettent seuls d'en déterminer l'emplacement. Dès le 22, du reste, aucun train ne circulait plus sur la ligne, entre la gare des Invalides et Javel; bientôt même malgré les pompes établies au pont de l'Alma et, plus loin, au pont Mirabeau, l'eau, dépassant le faîte du mur séparant la ligne de la berge, envahissait le canal qui s'offrait à elle et le remplissait complètement dans l'espace d'une dizaine d'heures (nuit du 25 au 26).

LES SIGNAUX DE LA LIGNE DES MOULI-NEAUX.

CONSTRUCTION D'UNE DIGUE PAR LES SOLDATS DU GÉNIE PRÈS DE LA PASSERELLE DE-BILLY.

LE QUAI ET LA LIGNE DES MOULI-NEAUX.

AU LONG DU QUAI D'ORSAY.

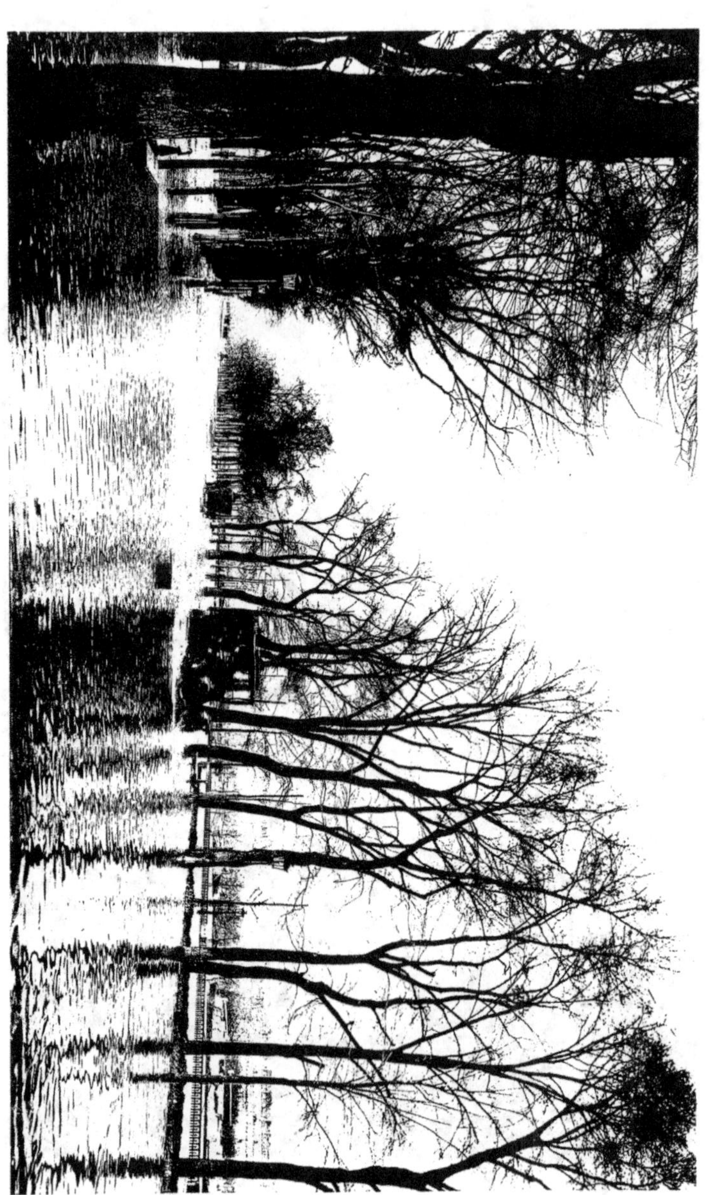

LE QUAI D'ORSAY.

LE QUAI D'ORSAY.

Curieuse vue d'ensemble prise en aval du pont
des Invalides. A droite, on distingue le parapet de terre dont la construction fut
entreprise, mais dut être abandonnée devant le flot montant, tandis que plus bas
elle était menée à bien par les soldats du génie (voyez page précédente).

LE PONT DE L'ALMA.

Nous revenons un peu en arrière pour jeter un coup d'œil au pont de l'Alma. Il inquiéta beaucoup. Inquiétudes justifiées, car les arches furent entièrement obstruées — on en jugera par nos deux vues et on dut empêcher le passage un jour ou deux, même celui des piétons. Les nouvellistes, à la recherche des manchettes sensationnelles annoncèrent à plusieurs reprises que tout était prêt pour le faire sauter ! On prétendit même que c'était fait, on entendit distinctement dans tout Paris le fracas de l'explosion qui devait libérer la Seine d'un des obstacles entravant son cours. Rien de tout cela n'était vrai et l'on n'a eu, heureusement, aucun sacrifice de ce genre à accomplir. Le bruit entendu était celui d'un singulier coup de tonnerre, éclatant en pleine après-midi, sans raison apparente ; pénible démenti pour les propagateurs conscients ou inconscients de fausses nouvelles.

Tout le monde connaît les quatre grands soldats de Crimée qui gardent les piles du pont. Rien de plus curieux que de voir l'eau marquer ses niveaux successifs sur ces figures de pierre, où les passants notaient un étiage chaque jour dépassé. On les vit un moment avec de l'eau juste aux coudes et ils paraissaient comme appuyés sur l'élément liquide ; puis ils en eurent jusqu'à la poitrine ; le zouave paraissait fort courroucé, l'artilleur, stoïque, subissait sans broncher le formidable assaut. Sur la figure du haut on voit un morceau de la ligne des Invalides pleine jusqu'aux disques de protection des gares.

AU PONT DE L'ALMA.

AVENUE BOSQUET.

AVENUE BOSQUET.

Inondées, naturellement, toutes les grandes avenues du quartier des Invalides et de l'École militaire. Voici, à titre de spécimen, l'avenue Bosquet, où passent encore les automobiles. C'est surtout l'avenue Rapp et le bas de l'avenue de la Bourdonnais qui eurent de l'eau, ainsi que l'avenue de la Tour-Maubourg.

LE PONT D'IÉNA, LA LIGNE DES MOULINEAUX.

Un cliché habi-
lement pris, nous montre ici le dernier convoi qui ait pu quitter le terminus des Invalides, non sans difficultés, et qui est arrêté au quai de Grenelle par une locomotive
partie en reconnaissance vers Javel. C'est là, en effet, que la voie a été coupée en premier
lieu, au début de la crise. Sur la figure relative au pont d'Iéna, on la voit au contraire
au dernier période de celle-ci, l'eau passant par-dessus le parapet qui sépare la berge
de la ligne. Le pont d'Iéna, lui, ne se distinguait en rien des autres ponts de Paris.

LE PONT D'IÉNA.

LIGNE DES MOULI-
NEAUX, AU QUAI DE
GRENELLE, LE DER-
NIER CONVOI.

GARE DU CHAMP-
DE-MARS.

LE CHAMP-DE-MARS.

Des craintes se sont manifestées, le 21 janvier
déjà, au sujet de la tour Eiffel; le fait est qu'un fléchissement de deux centimètres
y fut constaté. Mais ces petits accidents ont été prévus par le constructeur, qui
a muni chaque pilier de puissantes pompes hydrauliques permettant de promptement rétablir toute déviation. La tour se dresse ici au-dessus de la gare toute
voisine et submergée, que l'on voit mieux page suivante.

LA GARE DU CHAMP-DE-MARS, LA LIGNE DES MOULINEAUX.

La gare du Champ-de-Mars doit à sa situation en contre-bas d'avoir été le seul point inondé en ces lieux, avec les berges et les rues perpendiculaires au fleuve. Nous en donnons un pittoresque ensemble, pris du premier étage de la tour Eiffel. Au fond, c'est le viaduc de Passy, qui semblerait un barrage fermé, si l'on ne distinguait en arrière l'allée des Cygnes et les deux bras de la Seine.

Cette vue de la ligne des Moulineaux, prise en amont du pont de Grenelle, complète celles des pages 143, 147 et 151, et nous la montre avant sa complète immersion.

GARE DU CHAMP-
DE-MARS ET VIA-
DUC DE PASSY, VUE
PRISE DE LA TOUR
EIFFEL.

LIGNE DES MOULI-
NEAUX, AU QUAI DE
GRENELLE.

VIADUC ET QUAI DE
PASSY.

LE VIADUC DE PASSY.

Il forme moins ici une ligne compacte que sur la planche précédente, car on saisit ce qui reste des arches. La Seine était immense en ce point et il s'en est fallu de peu qu'elle soit augmentée encore de la largeur du quai de Passy et de Grenelle, dont les parapets marquèrent pourtant les limites. Grosse inondation sur le quai de Passy, comparable à celle du quai Debilly. Sous le viaduc, un pont de bateaux permettait de traverser la Seine après avoir franchi ce bras nouveau.

QUAI DE GRENELLE.

C'est la suite de la grande inondation des quais de la rive gauche, interrompue seulement, en ces quartiers excentriques, par la tête du pont Mirabeau. Et nous rentrons par là dans les quartiers populaires et malheureusement très éprouvés. L'eau s'est étendue ici en profondeur plus que nulle part, ailleurs, aucun obstacle de niveau ne lui étant opposé, tant la plaine est plate ; il y en eut jusqu'à la rue Lecourbe, à 1,220 mètres du quai, sans compter les infiltrations de caves et de sous-sols. Et ce fut la désolation dans ce XVe si peuplé, la dévastation même, parfois. Le quai n'a pas été le plus gravement menacé, c'est la rue Saint-Charles, la rue de Lourmel, toutes ces artères à angles droits, où vit une population travailleuse, privée de son gagne-pain, atteinte en ses foyers, qui ont détenu de déplorables records, avec quelques rues, du côté du Chevaleret — aux antipodes. Il a fallu se multiplier à Grenelle pour secourir tant de misères ; nous donnons, pages 16 et 18, quelques vues anecdotiques prises là-bas, le refuge établi dans l'école communale de la rue Saint-Lambert, la distribution des soupes devant la mairie, puis, page 16, le nettoyage à grande eau, rue de la Convention, après le retrait du flot boueux ; charmantes, les jeunes femmes de Grenelle ne boudent pas plus à la besogne qu'elles n'ont gémi devant le danger. La place nous a manqué pour donner une vue un peu complète des points « sinistrés » de l'arrondissement ; il manque l'hôpital Boucicaut, qui dut être évacué, la rue Balard, maints autres endroits curieux.

CONSTRUCTION
DE PASSERELLES.

LE QUAI DE GRENELLE.

QUAI DE GRENELLE.

RUE CROIX-NIVERT.

RUE DE JAVEL.

A JAVEL.

Nous donnons cependant quelques vues de la rue de Javel, et, pour
terminer la planche, une dernière vue de la ligne des Moulineaux; elle fera peut-être
un peu double emploi avec celle de la page 155, mais c'est que nous avons ici le
plein de l'eau et le calme né de la possession. Rien ne distingue plus le fossé du chemin de fer du lit du fleuve, que les signaux émergeant de distance en distance.

PORTE DE BILLANCOURT, AUTEUIL.

Rien ne ressemble plus à une des barrières du bord de l'eau qu'une autre de ces barrières. Et Billancourt est à rapprocher de la Gare ou de Bercy, qui ouvrent ce recueil d'images, grâce auquel on possèdera un souvenir exact et précis, sinon absolument complet, de quelques uns des aspects de la crue de 1910.

Auteuil, en ses basses rues, plus basses même qu'aucune autre dans aucun quartier, a été atteint en tout premier lieu. Quand on annonça, le 21, que la rue Félicien-David était inondée, que l'on y déménageait, ce fut un étonnement, et d'aucuns allèrent voir ce singulier accident, qui laissait Paris bien tranquille. Ils en revinrent consternés, pour trouver la menace à leur porte et le centre — oui, le Centre — atteint. La rue Van-Loo, qui part de la Seine, disparût absolument ; la rue Gros, la rue Théophile-Gauthier, rue Téniers, avenue de Versailles, tout fut inondé. C'est là, du reste, rue Narcisse-Diaz, une sorte d'étroite cuvette, de fondrière, que la dernière goutte d'eau est restée — il y en avait encore le 15 mars. A chacune des trois ou quatre crues secondaires qui se sont produites, les mêmes rues, avec le quai d'Auteuil, ont été envahies à nouveau.

PORTE DE BILLAN-
COURT.

RUE FÉLICIEN-
DAVID.

RUE GROS.

MESURES DE PRO-
TECTION ET NAVI-
GATION SUR LE
BOULEVARD HAUSS-
MANN.

BOULEVARD HAUSSMANN.

Les bas quartiers, les bords de la Seine, on conçoit qu'ils aient été inondés, c'est leur lot. On se fait moins aisément à l'idée du boulevard Haussmann envahi, de la gare Saint-Lazare investie. C'est cependant ce qui a eu lieu, et avec l'ampleur que l'on sait. Le boulevard Haussmann a eu de l'eau — de quoi naviguer commodément en Berthon — de la rue de l'Arcade à la rue d'Anjou, et même un peu plus loin, de l'eau venue de la rue Saint-Lazare et, par elle, des souterrains du Métropolitain et de la ligne Nord-Sud. On a cité ce fait singulier d'une onde pénétrant dans la ligne d'Orléans, vers Austerlitz, qui serait arrivée à Saint-Lazare en suivant ladite ligne, serait sortie à la gare d'Orsay par les baies du quai, ici en contre-haut, aurait gagné la ligne Nord-Sud et, franchissant la Seine sous la Seine, serait arrivée à Saint-Lazare, malgré la hauteur de ce dernier point, portée qu'elle était par la masse liquide.

« Nous avons été en bateau sur le boulevard », c'est un souvenir à laisser à ses descendants — peut-être reverront-ils cela, peut-être auront-ils mieux — et nos images donneront la preuve de cette audacieuse communication.

A L'OPERA.

Nous nous serions reprochés d'abandonner ces quartiers si éloignés de la Seine, sans donner une place à l'Opéra. Ce n'est pas que l'Académie nationale de musique se soit dressée comme une île énorme au milieu des rues inondées, mais ses caves ont regorgé d'un liquide peu académique, qu'il a fallu soutirer, aspirer. C'est ce que montrent nos figures ; les pompes à vapeur des sapeurs-pompiers fonctionnent et emplissent les citernes de la compagnie Fresne. Autre curiosité de l'Opéra en ces jours de crise : les usines électriques de banlieue et les secteurs envahis, c'était la lumière coupée ; une pittoresque usine de fortune fut installée rue Auber, à l'aide des machines d'un spectacle forain.

Que de pages curieuses on aurait pu faire avec les multiples incidents, les « à-côtés » innombrables de l'inondation ! Les sauvetages et les ravitaillements, les distributions de secours, les bureaux de bienfaisance débordés, les très nombreuses manifestations de la charité publique ou privée, les embarcations de types si variés, les dégâts et les ruines, les réparations, les moyens de communication, l'éclairage de fortune des rues où gaz et électricité ne fonctionnaient plus, les badauds, les marchands de cartes postales presque aussi nombreux que les acheteurs, les visites et inspections des autorités, l'épuisement des sous-sols, le nettoyage et la désinfection, tout cela prêtait à l'illustration. Nous n'avons pu donner que quelques scènes dans les pages, qui contiennent la brève notice historique sur les inondations de Paris à travers les âges, ainsi quelques-unes des excavations qui se produisaient journellement dans les points les plus divers, ainsi l'établissement d'une ligne téléphonique par le génie, tout le long de la rue de Rivoli, pour relier le ministère de l'Intérieur et la préfecture de police, ainsi le refuge de Saint-Sulpice, etc., etc. Nous savons que la collection énorme des documents mis au jour a été judicieusement recueillie par M. Marcel Poète, à la bibliothèque historique de la ville de Paris, et que là au moins on trouvera tout ce qui concerne les jours que nous venons de traverser.

ÉPUISEMENT DES
SOUS-SOLS.

USINE ÉLECTRIQUE
DE FORTUNE POUR
L'ÉCLAIRAGE.

A L'OPÉRA.

RUE SAINT-LAZARE.

GARE SAINT-LAZARE.

Nous terminerons notre rapide revue du Paris inondé par la gare Saint-Lazare. Le danger fut ici redoutable ; l'énorme édifice se dresse sur un sol miné en tous sens, excavé, percé d'égouts, de souterrains à usages divers, dont quelques-uns en cours de construction à l'heure de la crise. Certaines maisons de la place du Havre, menaçant ruine, ont dû être évacuées. Et lorsqu'on vit en manchettes, sur les journaux, des titres tels que celui-ci : « Le grand effrondrement commence », on put croire un instant, avec la meilleure bonne foi, que la situation était désespérée. Puis tout est rentré dans l'ordre ou à peu près ; le souvenir d'un cauchemar véritable est seul demeuré, avec des dégâts matériels trop considérables pour être promptement réparés. C'est ici encore qu'il faut s'extasier : le quartier de la gare Saint-Lazare menacé à ce point, et par une crue de la Seine, c'est à faire rêver tous ceux qui connaissent Paris ; les autres ne pourront que difficilement apprécier la gravité, l'énormité du fait, surtout s'ils le jugent uniquement d'après les photographies, à la petite nappe d'eau qui reluit au pâle soleil de janvier, ou à la foule des badauds d'apparence peu inquiète. Mais l'on ne peut dire qu'une chose, c'est que la montée des eaux s'est arrêtée au bon moment ; supposons-la augmentée de 50 centimètres, ce qui n'aurait rien de très déraisonnable, les menaces les plus graves s'accomplissaient, le désastre prenait — ici et ailleurs, du reste — les proportions les plus inouïes. Quoi qu'il en soit, voici une vue de la rue Saint-Lazare, devant l'hôtel Terminus, avec le flot ridé et moiré qui s'était répandu aux alentours, puis une autre, celle du carrefour de la rue de Rome et de la rue de l'Isly, avec une digue protectrice, qui rendit de grands services. Inutile d'ajouter que l'eau, dans le Métropolitain, arrivait ici à la chaussée. Il semblerait, d'après les constatations de la commission du Vieux-Paris, que l'inondation de la gare Saint-Lazare répond à des causes souterraines fort anciennes ; il y aurait eu jadis un cours d'eau, qui, approximativement, aurait suivi, de l'Arsenal à Chaillot, la ligne actuelle des grands boulevards, laissant le centre du Paris d'aujourd'hui à l'état d'île. Cette dérivation de la Seine se ferait de nouveau sentir en temps de grande crue. La nature, elle, avait songé, bien avant nos ingénieurs, à ce canal tant de fois projeté et que l'extension de Paris rejetterait maintenant dans la plaine de Saint-Denis, en une ligne parallèle en somme à celle du vieux cours d'eau. L'existence intermittente de celui-ci devrait engager, en tout cas, à plus de précautions encore dans les quartiers qu'il traverse et à ne pas tolérer davantage tant de perforations en tous sens.

GARE SAINT-LAZARE.

Complément de la planche précédente, cette figure donne la vue de la gare prise de face, sur la cour de Rome, où le « lac » fut plus étendu, mais le danger moins grand que place du Havre; c'est que de ce côté, du côté de la rue de Rome, il y a moins d'excavations béantes, par conséquent, moins de dangers d'effondrement.

GARE SAINT-LA-
ZARE.

COUR DE ROME.

Ville de Paris — Mairie du 4ᵉ Arrondissement
GRANDE SOIRÉE ARTISTIQUE
RÉPUBLIQUE FRANÇAISE
VILLE DE PARIS
Mairie du 4ᵉ Arrondissement
APPEL À LA POPULATION
LES VICTIMES
INONDATIONS
Le S
DU SOIR
POLICE
ancs

CET OUVRAGE PUBLIÉ
SOUS LES AUSPICES
DU JOURNAL DES
DÉBATS A ÉTÉ ÉTA-
BLI PAR LES SOINS
DE CH. EGGIMANN,
ÉDITEUR A PARIS.

ACHEVÉ D'IMPRIMER
LE VINGT-DEUX MARS
MIL NEUF CENT DIX

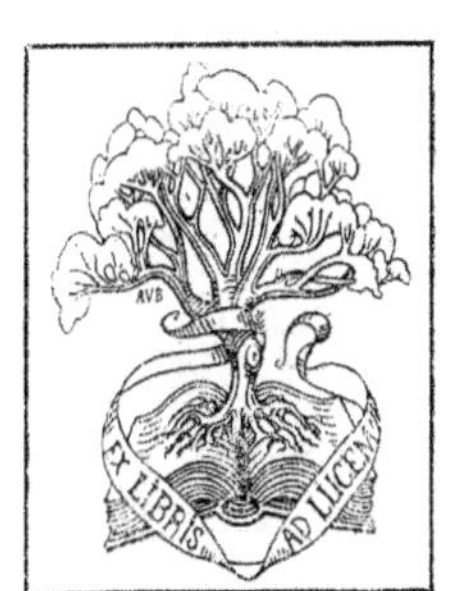

A.V.B.
EX LIBRIS
AD LUCEM

www.ingramcontent.com/pod-product-compliance
Lightning Source LLC
LaVergne TN
LVHW051042200726
843508LV00001B/333